AF619261

VAUCANSON

ALLE - PHILIPPE DE GIRARD - EDISON

MÉCANIQUE

ORNÉ DE 32 GRAVURES

VAUCANSON

J. LEFORT, Éditeur

LILLE, rue Charles de Muyssart, 24. | PARIS, rue des Saints-Pères, 30.

VAUCANSON
LA SALLE
PHILIPPE DE GIRARD
EDISON

Gr. In-8° 4e série.

Thomas A Edison

MADAME LA COMTESSE DROHOJOWSKA
née Symon de Latreiche.

LES SAVANTS MODERNES ET LEURS ŒUVRES

VAUCANSON
LA SALLE
PHILIPPE DE GIRARD
EDISON

MÉCANIQUE

Volume orné de 32 gravures.

LIBRAIRIE DE J. LEFORT
IMPRIMEUR ÉDITEUR

LILLE	PARIS
rue Charles de Muyssart, 24	rue des Saints-Pères, 30

INTRODUCTION

L'étude de la voûte céleste fut la première à laquelle s'appliqua l'intelligence humaine. La régularité de la marche des astres, ne s'écartant de leur route que pour revenir à jour et à heure fixes, reprendre la place où ils avaient été observés d'abord, amena les bergers de Chaldée à essayer de déterminer par avance la durée de ces courses à travers l'espace et le temps précis de leur venue.

Telle fut l'origine de la première des sciences, la science des nombres et du calcul.

Et cette science est restée à la tête de toutes les autres sciences auxquelles elle a donné naissance et dont elle continue à être le point de départ obligé.

Platon, on le sait, avait fait inscrire au fronton de son école :

« Nul n'entre ici, s'il n'est géomètre. »

C'est qu'à cette époque, aussi bien qu'aux âges

antérieurs et aux temps modernes, les mathématiques étaient tenues en grand honneur.

Pendant une période de dix siècles nous apprend l'histoire, l'étude des sciences abstraites fut entretenue par l'école d'Alexandrie et eut pour professeurs des hommes tels que les Euclide, les Diophante, les Poppus, les Proculus.

Puis il y eut un temps d'arrêt.

La culture des sciences mathémathiques ne dépassa pas de beaucoup l'application qui en avait été faite par les Grecs et il fallut que les traditions de l'école d'Alexandrie remontassent en quelque sorte à leur berceau, c'est-à-dire qu'elles fussent recueillies par les arabes, pour nous revenir ensuite par leur entremise.

Au VIIIe siècle seulement, avec Roger Bacon s'est ouverte en Europe la série des grands mathématiciens, série qui s'est continuée, en se multipliant de siècle en siècle jusqu'à nos jours.

LES SAVANTS MODERNES

MÉCANIQUE ET MACHINES

I

Les mathématiques se divisent en *mathématiques pures* et en *mathématiques appliquées*, les premières considèrent la grandeur d'une manière abstraite, et les secondes traitent de la grandeur dans ses applications.

On désigne sous le nom de *mathématiciens* proprement dits les savants qui s'occupent de mathématiques pures, et sous celui de *physiciens* ceux qui s'occupent de mathématiques appliquées.

C'est à ces derniers qu'appartient le groupe qui fait l'objet de ce volume.

Du reste, dans l'une et l'autre de ces deux branches principales des mathématiques, le champ ouvert aux savants est si vaste et comporte des corrélations si intimes, qu'il est rare que les grands mathématiciens ne soient pas à la fois de grands géomètres et de grands physiciens.

Tel fut notamment Archimède qui sans rival à son époque (1), mécanicien et physicien ingénieux, profond astronome, mathématicien habile, et cela dans un temps où les calculs numériques n'avaient pas de règles déterminées, a posé par ses observations et ses découvertes le germe et le point de départ de toutes les inventions modernes.

Le mérite d'Archimède comme physicien était d'autant plus grand, qu'avant lui cette science n'existait en quelque sorte pas.

En dehors des propriétés de l'aimant et de l'ambre jaune observées par Théophraste, de l'appareil hydraulique imaginé par Hiéron, dont il a retenu le nom, des pompes inventées par Ctésibius, Archimède avait tout à observer, tout à découvrir dans ce champ si fécond aujourd'hui et alors presque complètement en friche.

Arrêtons donc un instant notre attention sur cette grande figure, dont le rayonnement s'étendra à travers les âges, sur les arts et l'industrie aussi bien que sur la science proprement dite, jusqu'à la fin des siècles.

Parent et ami du roi de Sicile Hiéron, ARCHIMÈDE avait toutes facilités pour parvenir à la gloire et aux honneurs : il préféra la gloire immortelle que procure la science, à la gloire plus ou moins éphémère qui s'attache aux grandeurs humaines.

Très jeune encore il se rendit auprès d'Euclide pour y recevoir de lui les saines notions de l'école d'Alexandrie et, à partir de ce moment tous les instants de sa vie furent consacrés à l'étude des mathématiques.

Syracuse, qui brillait déjà par son commerce, sa richesse et son luxe parmi les grandes cités méditerranéennes, prit dès le retour d'Archimède, dans son sein, un caractère nouveau. Elle devint un centre scientifique de premier ordre, dans le monde alors connu.

Le roi Hiéron était, nous l'avons dit, très attaché à son jeune

(1) De 287 à 212 avant l'ère chrétienne.

Ville de Syracuse.

parent et si les goûts studieux de celui-ci, et ensuite son éloignement volontaire de la cour, avaient froissé le prince, les succès d'Archimède à Alexandrie, l'honneur qui en rejaillissait sur la Sicile, avaient si bien effacé toute trace de mécontentement que le jeune savant, dès son retour, entra de plein pied dans la confiance et l'intimité du souverain qui, prenant goût aux sciences abstraites consacrait la majeure partie de ses loisirs à s'entretenir avec l'ardent disciple d'Euclide, sur les concentrations les plus élevées des mathématiques, tant au point de vue théorique que pratique.

Or, un jour, en expliquant au roi les effets des *forces mouvantes* et en lui démontrant les propriétés des leviers, il prétendit que s'il avait une autre terre que notre globe pour placer son levier, il lèverait celle-ci à son gré,

— Donnez-moi un point d'appui, dit-il à Hiéron, et je déplacerai le monde!

Le savant de Syracuse ne devait pas déplacer le monde, dans le sens où il l'entendait en parlant ainsi. Mais que de forces n'ont pas été soulevées, déplacées, que de merveilles n'ont-elles pas été accomplies dans d'autres ordres d'idées par cette puissance du levier qu'il n'a pas créée, l'homme ne crée rien, mais qu'il a su découvrir et faire passer dans la pratique.

Tous les systèmes, tous les progrès de la mécanique moderne sont sortis de là.

Les mathématiques pures ne doivent pas moins que les mathématiques appliquées au génie d'Archimède.

La géométrie fut toujours l'objet principal de ses méditations. Il s'attacha d'abord à la mesure des grandeurs curvilignes, et il recula tellement les bornes de cette partie des mathématiques que ses méthodes sont regardées comme le point de départ des découvertes qui ont porté si haut la géométrie chez les modernes.

« Dans ses deux livres sur la *sphère* et le *cylindre*, il démontre que la surface d'une sphère est égale à celle d'un cylindre qui a la même hauteur et la même grosseur que cette sphère, et que la matière qui constitue la sphère, est en volume, les deux tiers de celle qui compose le cylindre.

» Il était si satisfait de cette découverte qu'il voulut qu'une boule placée dans un cylindre fut sculptée sur son tombeau.

» On lui doit également le fameux rapport de la circonférence au diamètre, savoir que : la circonférence de tout cercle contient à peu près trois fois son diamètre, plus le 1/7 de ce diamètre.

» Au siècle d'Archimède, la science du calcul était si peu avancée qu'il paraissait impossible de calculer le nombre de grains de sable dont le globe terrestre se compose.

» Le savant syracusain prouva que non seulement il était facile d'évaluer les grains de sable qui sont contenus dans la sphère terrestre, mais encore combien il en faudrait pour composer une sphère qui s'étendrait jusqu'aux étoiles.

» Ses travaux sur les *surfaces courbes irrégulières*, la *quadrature* de la *parabole*, les *propriétés des spirales* ont excité l'admiration de tous les savants, surtout depuis que le calcul différentiel et intégral est venu les justifier. »

Tout en s'occupant ainsi de hautes mathématiques, Archimède ne négligeait aucune observation pratique.

Il pressentait des forces mystérieuses et inconnues, existant à l'état latent dans la nature et que la science avait le devoir de rechercher, de dégager, d'utiliser : telles, par exemple, la force de l'eau et ses qualités utilisables en mécanique.

Ses préoccupations à ce sujet le conduisirent à l'invention de l'*hydrostatique*.

« Hiéron, raconte la chronique des temps, avait donné un lingot d'or à un orfèvre pour en faire une couronne. Mis en garde à l'endroit de l'honnêteté de l'artiste, il demande à Archimède le moyen de découvrir la fraude, si fraude il y avait, sans détruire la couronne.

» Le savant désespérait de résoudre le problème, quand un jour, en entrant dans le bain, il observa que l'eau s'élevait à mesure que son corps plongeait dedans. De là, il conclut cette vérité, consacrée depuis sous le nom de « *principe d'Archimède* » *que tout corps plongé dans un liquide perd de son poids une quantité égale au poids du liquide déplacé.*

» Transporté de joie à cette découverte, il sortit brusquement de son bain, et, sans s'apercevoir qu'il n'avait pas de vêtements, il courut chez lui, à travers les rues de Syracuse, en criant : « Je l'ai trouvé!... Je l'ai trouvé! »

Nous dirons plus loin ce qu'on doit à l'illustre Syracusain en fait de mécanique.

Pour en finir avec la biographie de notre savant, nous devons mentionner l'invention du fameux *miroir ardent,* au moyen duquel Hiéron incendia la flotte romaine qui bloquait sa capitale.

L'effet de cet incendie « scientifiquement » allumé, fut si rapide, si foudroyant, que Marcellus qui commandait les forces romaines, donnait en hâte l'ordre de la retraite.

La flottille dispersée, terrorisée, fuyait de toutes parts, lorsque l'entrée dans la ville d'un petit corps d'infanterie, qui y avait pénétré du côté de la terre et par surprise, vint changer l'issue de la journée.

Marcellus, au lieu de fuir, rejoignit ses légions. Son premier soin fut d'ordonner d'épargner le grand savant dont l'éclat du génie lui faisait oublier l'incendie de sa flotte.

Tels étaient à la fois et l'admiration qui s'attachait au nom du savant et le respect des soldats pour les volontés de leur général que cet ordre eût été respecté, si Archimède ne fût allé en quelque sorte au devant de la mort.

« Absorbé dans l'étude d'un problème dont la solution entrevue lui échappait sans cesse, l'illustre mathématicien n'apprit l'entrée des Romains dans la ville que lorsqu'un soldat vint lui ordonner de se rendre :

» — Attends que j'aie terminé, lui répondit tranquillement le savant.

» Voyant dans ces paroles un refus et peut-être une raillerie, le soldat traversa de son épée la poitrine du savant. »

Archimède, bien qu'ayant alors dépassé sa soixante-quinzième année, possédait encore toute la vigueur, toute l'activité de son intelligence.

Il mourut ainsi en pleine possession de lui-même, ayant amassé une somme de travaux plus que suffisante à assurer la gloire, non d'un homme, mais celle des savants de toute une époque.

Il était loin cependant d'estimer que sa tâche fût achevée.

Tel est, du reste, le sort de ceux qui s'occupent de science et surtout des plus illustres d'entre eux.

Continuateurs d'une œuvre collective, dont la chaîne se déroule à travers les siècles, ils ne commencent rien, ils n'achèvent rien!

Heureux quand à cette chaîne, ils ajoutent un anneau assez brillant, assez solidement rivé pour que leur nom y reste à jamais attaché.

II

L'histoire complète de la mécanique, dit un écrivain contemporain, serait un livre bien intéressant à écrire et bien curieux à lire. Nous ajouterons bien utile à étudier ou tout au moins à consulter.

Que d'idées originales, que d'essais interrompus et jetés dans l'oubli, soit par suite du manque de connaissances techniques de leurs auteurs, soit faute de ressources suffisantes pour mettre à point l'idée ou l'essai ébauchés, on pourrait reprendre!

Et, par suite, que de tâtonnements, d'hésitations, de temps perdu pour les inventeurs qui ont ou qui s'imaginent avoir à créer tout d'une pièce des théories ou des applications cent fois ébauchées avant eux!

Malheureusement cette histoire qui, si elle était réellement complète, aurait une si grande utilité, est à peu près impossible, tant elle exigerait dans son auteur de connaissances, de patience, d'investigations et de recherches.

Et encore, à celui qui entreprendrait cette tâche, il ne faudrait pas seulement un esprit encyclopédique dirigé par une pratique personnelle dans l'art si compliqué de la mécanique, il lui faudrait encore une simplicité de style, une clarté d'expression, un emploi judicieux du mot propre sans tomber dans l'abus du mot technique.

Or, ce sont là des qualités difficiles à réunir.

Mais sans viser à un travail suffisamment étendu pour que les détails y trouvent place dans d'assez larges proportions, de manière à reconstituer le tableau entier, il est possible de faire et de grouper des recherches sur une des branches de la mécanique, par exemple sur l'origine des machines et outils.

Ce travail ainsi divisé et en quelque sorte seulement ébauché, a séduit la plupart des vulgarisateurs de la science à notre époque, et les données fortes, précises à cet égard, ne manquent pas.

C'est assez, ce nous semble, pour « le public, » mais nous ne croyons pas que ce soit assez pour les praticiens.

Quoi qu'il en soit, et comme nous n'avons ni la compétence nécessaire pour aborder cette question, ni le devoir de la traiter, nous nous bornons à signaler la lacune que des Bénédictins seuls pourraient combler, si toutefois les Bénédictins existaient en nombre suffisant de nos jours, et s'ils consentaient à s'occuper de science industrielle, comme autrefois ils se sont occupés de lettres, d'histoire, de calculs historiques et scientifiques, le tout au grand profit des écrivains, des historiens et des chronologistes de notre époque.

La mécanique n'a donc pas « son histoire générale, » mais elle a des histoires particulières qui ne sont ni sans mérite, ni sans intérêt, et elle a été souvent présentée et résumée dans son ensemble par des rapporteurs émérites, des jurys d'expositions, des présidents de sociétés savantes au sujet de constatations de progrès réalisés, etc.

M. le général Poncelet, membre de l'Institut, a élevé, entre autres, dans son rapport, lors de l'Exposition de 1851, un véritable monument à la science qui nous occupe.

Les Expositions bien autrement considérables qui ont suivi, les rapports plus développés et non moins savants et éloquents par les chiffres et les faits qu'ils relatent que par le grand style dans lequel ils sont rédigés, émanant tous d'hommes d'un mérite hors ligne, n'ont pas effacé l'impression laissée dans notre esprit par le beau travail du général Poncelet.

M. Poncelet fait dater « la mécanique contemporaine, » si on veut bien nous permettre ce mot, de l'année 1815. Je crois qu'on pourrait remonter au commencement du siècle.

Peut-être même un peu avant, avec Vaucanson, Lasalle, Jacquard et Philippe de Girard.

Il est vrai que pendant cette première période, ce n'est pas la *machine*, telle que nous l'entendons aujourd'hui ; la *machine-outil* mettant en action de vraies mains, de vrais ongles, bien que ce soit des mains et des ongles de fer, c'est seulement le métier perfectionné.

Mais, dans ce métier perfectionné, tout ce qui doit suivre de perfectionnements, de merveilles, n'est-il pas en jeu?

Et si on considère que ces premiers inventeurs n'avaient à leur service aucune des forces naturelles aujourd'hui pliées à obéir à l'homme, sauf, disons-le bien vite, la force hydraulique, très puissante sans doute, mais qu'il faut avoir sous la main.

Si on ajoute que, non seulement l'application de ces forces naturelles, mais leur existence même comme agents industriels, étaient à peine soupçonnées, on comprendra par quels traits de génie ces hommes, que nous venons de nommer et leurs émules, ont dévancé les révélations de la physique, de la chimie, et ont tout préparé de manière à recevoir le concours de ces agents à leur apparition.

Nous disions plus haut, en parlant d'Archimède, qu'un savant, un inventeur *ne commence rien, n'achève rien.*

Nous ne croyons pas que dans aucune autre branche de la science ou des arts, cette vérité soit aussi visible et incontestable que dans l'évolution accomplie par la mécanique à notre siècle.

Il n'y a pas, depuis Jacquard, une invention, un progrès qui n'ait eu sa raison d'être ; c'est-à-dire qui n'ait servi de lien entre le progrès précédent et le progrès suivant.

Et aujourd'hui que la mécanique semble avoir atteint son apogée, il ne se passe pas de jour sans qu'une amélioration nouvelle vienne en perfectionner encore l'ensemble.

Dans ces améliorations successives, véritable édifice de patience, chacun apporte sa petite pierre, quelquefois son grain de sable. Ouvrier, manœuvre, apprenti même, a tout à coup « une idée. » Cette idée, dont on se moque d'abord, fait le tour de l'atelier. Parmi ceux qui en rient, se rencontre un esprit réfléchi qui la tourne, la retourne, la pèse, et finit par en tirer « une autre idée » qu'il s'imagine de bonne foi le plus souvent être la sienne, tandis qu'il n'a fait que la mûrir.

Cette idée, qui porte en apparence sur un rien : un boulon changé de place, une courroie allongée ou raccourcie, fait de celui qui la propose et la fait admettre, si non un inventeur, du moins « un perfectionneur. »

Et ainsi l'invention primitive, un chef-d'œuvre quand elle s'est produite, se modifie graduellement au point que souvent l'inventeur lui-même, s'il a perdu son œuvre de vue pendant quelques années, hésite à la reconnaître.

« De là, la difficulté toujours croissante de connaître le véritable inventeur en mécanique, auquel se substituent fréquemment des vulgarisateurs habiles à s'emparer de la notoriété et à donner le change au public. »

Une autre difficulté, plus sérieuse peut-être que celle-ci, résulte de la ligne de démarcation à établir entre l'inventeur et le constructeur, entre l'idée créatrice et l'application de cette idée, si puissants d'ailleurs que soient ses développements.

Il est donc aisé de comprendre que, sans méconnaître les services rendus par les grands savants et industriels modernes à l'art de la mécanique, nous ayons dû limiter les biographies contenues dans ce volume.

Deux d'entre elles, qui avaient, au point de vue général, le droit absolu d'y figurer, en ont été exclues par suite de l'impossibilité non moins absolue dans laquelle nous nous sommes trouvés de les faire entrer dans le cadre que nous tracent les termes de notre titre générique : *les Savants modernes*. Malgré toute notre bonne volonté, nous n'avons pu trouver de figure de rhétorique qui pût permettre à Jacquard et à Richard-Lenoir d'endosser, non seulement l'habit brodé, mais même le frac noir, sans lesquels, jusqu'ici du moins, personne n'a pu prétendre au titre de « savant en titre. »

De plus, et plaisanterie à part, le vaillant ouvrier lyonnais et l'ardent industriel normand, n'ayant dépassé ni l'un ni l'autre le petit programme des écoles primaires, ne possédaient, si même ils en avaient un, qu'un bagage scientifique et littéraire si léger, que les classer au rang des savants feraient sourire tous ceux qui ont entendu parler d'eux.

Leur mérite, comme inventeurs, en est-il diminué? Tout au contraire. C'est même cette circonstance qui les a placés en première ligne parmi les pères de l'industrie contemporaine.

Grâce à eux, a été réalisée cette maxime, qu'il ne serait plus bon cependant d'admettre comme axiome, autrement qu'à l'état d'exception : *Il y a parfois plus de science réelle dans les ateliers que dans les académies.* Ce qui peut se traduire par ceci : « Le génie, où qu'il se trouve placé, s'acclimate, se développe et produit ses fruits. »

Seulement, il faut prendre garde de confondre le génie et le talent; celui-ci se rencontre d'autant plus souvent que l'instruction se propage et que la civilisation fait des progrès. Le premier ne se produit que de loin en loin. C'est, à proprement parler, un don de Dieu; on ne l'acquiert pas. Le second s'obtient par le travail, l'application, l'observation.

L'un est et restera toujours l'exception; l'autre, dans une société bien pondérée, peut devenir la règle.

Encore une observation générale avant d'aborder les détails de notre sujet.

Trop de critiques, surtout parmi les érudits et les admirateurs enthousiastes de l'antiquité, éblouis par l'imposante grandeur de l'Égypte, de la Grèce et de Rome, convaincus que les ouvrages de nos jours n'auront pas la même durée, attribuent aux procédés mécaniques des anciens une supériorité qui, en réalité, n'existe pas.

Si, en effet, on tient compte de la lenteur des moyens employés alors et de l'énorme dépense de force humaine que le fonctionnement des appareils nécessitaient, si l'on se rend compte surtout du mépris que la vie et la santé des travailleurs inspiraient aux anciens (1), ainsi que des actes de violence et d'arbitraire en pratique dans le recrutement des travailleurs, on comprendra le rôle effacé, nul en quelque sorte, de la mécanique dans les chefs-d'œuvre de l'art antique. La vraie, la seule machine alors, c'était l'homme, usant ses forces, sa vie, dans un labeur incessant.

(1) Mépris que l'on constate encore aujourd'hui chez tous les peuples qui vivent en dehors de la loi chrétienne.

Les habitants de Cette, en montrant aux étrangers le môle construit sous le règne de Louis XIV, avaient coutume, il y a peu d'années encore, de dire que cette jetée était pavée d'écus de six livres, tant le maniement des grosses pierres qui la composent et les assises profondes sur lesquelles émergent ces pierres énormes, avait coûté d'efforts et de peine à ses constructeurs.

Les grands édifices de l'antiquité, eux, crient à ceux qui les contemplent et qui connaissent l'histoire de leur construction :

L'invulnérable enduit qui nous abrite contre les atteintes des temps, n'est pas dû seulement à la solidité du granit, à la clémence de l'atmosphère, au grain de notre polissage : il est fait de sang humain !

Aujourd'hui, l'intelligence du travailleur tend de plus en plus à se substituer à sa force ; son rôle se réduit souvent à une mise en train réglée d'avance et suivie d'une incessante surveillance.

Ce n'est plus la machine qui lui aide, c'est lui qui aide à la machine. A elle la servitude, la fatigue, à lui la direction. Elle est l'esclave ; il est le maître !

Mais s'il lui arrive de manquer d'attention et de prudence ; s'il oublie à quel prix il doit être obéi ; s'il s'écarte de son rôle de directeur et de surveillant, alors, malheur à lui : la machine semble perdre son inertie, elle se venge de la contrainte qui lui est imposée ; elle attire cette chair vivante, elle la broie et ne la rend que sanglante et en lambeaux aux spectateurs terrifiés auxquels elle semble dire : « Apprenez à me connaître : je suis une force, et toute force est redoutable. »

VAUCANSON

VAUCANSON (JACQUES)

1709 — 1782.

I

Nous avons vu combien était limité, au temps d'Archimède, l'art de la mécanique.

Nous savons que ce savant géomètre lui donna une impulsion décisive. Il en fit une science en quelque sorte nouvelle, dont il posa les bases dans un travail encore estimé de nos jours et intitulé : *De æquiponderantibus*.

Cet ouvrage contient la théorie du *levier*, celle des *centres de gravité*, les théories du plan incliné, de la poulie et de la vis.

La succession d'Archimède fut recueillie par *Ctésibius*, *Héron d'Alexandrie* et d'autres constructeurs de machines dont la renommée fut plus considérable que justifiée. Les progrès que leurs inventions firent faire à la mécanique furent à peu près insignifiants.

Cet art demeura donc stationnaire jusqu'au XVIe siècle,

époque à laquelle un mathématicien célèbre, Simon Stevens, de Bruges, lui donna tout à coup une impulsion heureuse, en formulant le principe du parallélogramme des forces.

Puis successivement Galilée, Descartes, Huyghens, Newton, Berthoud (1), mirent au service de la mécanique des principes théoriques et des applications pratiques de la plus haute importance.

Nous ne devons pas oublier de mentionner ici le nom et le souvenir de celui que ses inventions utiles en mécanique doivent rendre aussi cher et aussi familier aux rudes travailleurs des champs et des usines qu'aux lettrés et aux savants. Citer parmi ces inventions, la *brouette* et le *haquet* rend tout développement superflu et suffit à désigner Pascal.

Tandis que grâce aux préoccupations, aux recherches des savants la mécanique faisait dans les ateliers des progrès continus mais peu rapides, les méditations d'un enfant, ses observations, ses essais ingénieux, allaient faire entrer l'art du mécanisme dans une voie nouvelle et heureuse.

Nous avons nommé Vaucanson.

II

Né le 24 février 1709, dans une honorable famille d'artisans, Jacques Vaucanson montra de bonne heure un goût

(1) Il nous paraît intéressant de faire remarquer ici la part prise au progrès de la mécanique par l'horlogerie, dont Berthoud fut à la fois l'historien (1) et un des maîtres les plus autorisés. C'est en effet, dans les ateliers de la grande et de la petite horlogerie qu'il faut chercher l'origine de la plupart des moyens mécaniques qui, de nos jours, ont tant agrandi le domaine des machines en fer et en fonte.

(1) Dans son *Essai sur l'horlogerie.*

GALILÉE

déclaré, disons mieux, une irrésistible passion pour la mécanique.

Son père, gantier à Grenoble, le destinait à suivre la même profession que lui, et comme, à cette époque, la machine n'avait rien à voir à la fabrication des gants, dont elle est devenue depuis la cheville ouvrière, il ne semblait pas que l'enfant, en maniant les dépouilles souples et satinées du chevreau et de l'agneau, en se hasardant même à manœuvrer les longs ciseaux de la coupe, ou les lames brillantes des outils à racler et à amincir les peaux, pût trouver dans l'atelier de son père les moyens de satisfaire l'attrait instinctif qui ainsi devait se borner à un caprice d'enfant.

Mais ce qui lui faisait défaut chez lui, Jacques Vaucanson devait le trouver dans l'entourage même de sa famille, et cela par suite de circonstances réellement singulières.

Mme Vaucanson, femme d'une piété austère ne permettait à son fils d'autres distractions que de l'accompagner les dimanches chez des amies d'une dévotion égale à la sienne.

Pendant les pieuses conversations auxquelles ces visites donnaient lieu, l'enfant s'amusait à examiner à travers une porte entrebaillée, une horloge placée dans une chambre voisine.

Il en étudiait le mouvement, s'occupait à en dessiner la structure et s'ingéniait à deviner le jeu des pièces dont il ne pouvait voir qu'une partie.

Cette dernière préoccupation le suivait partout : enfin, par une sorte d'intuition naturelle, la lumière se fit pour lui : le mécanisme de l'échappement que, depuis plusieurs mois, il cherchait à comprendre lui apparut dans toute sa simplicité, dans toute sa puissance.

Il fit en bois, une horloge qui marquait assez exactement les heures.

Ce début, véritable chef-d'œuvre, si l'on tient compte de l'âge de l'enfant, de son ignorance complète des lois de la mécanique et de son manque non moins complet d'outils spéciaux, décida de l'avenir de Vaucanson.

— Je serai mécanicien, se promit-il à lui-même et il se tint parole.

L'horloge fut suivie d'une petite chapelle à laquelle le génie naissant de notre jeune mécanicien communiqua une sorte de vie.

De petits anges agitaient leurs ailes, au-dessus d'un autel, au pied duquel un prêtre automatique imitait quelques fonctions sacerdotales.

Tout le monde à Grenoble parlait de ces merveilles : on voulait les voir, on ne se lassait pas de les admirer. Les femmes comblaient de caresses et de bonbons « l'enfant prodige, » les hommes, et des plus compétents, lui répétaient sur tous les tons qu'il n'était plus un enfant, mais un garçon d'avenir. C'était en un mot, une admiration, un engouement tels, que la famille Vaucanson, malgré la répugnance qu'avaient alors les artisans à voir leur fils embrasser une autre carrière que la leur, se trouvèrent amenés, contre leur volonté peut-être, mais sans oser en rien laisser paraître, à encourager le jeune inventeur.

Une fois entré dans cette voie, le père de Jacques ne tarda pas à comprendre qu'il fallait à son fils un champ d'études et d'action plus vaste que celui que lui offrait sa ville natale. Il l'envoya à Lyon, où des amis de la famille se chargèrent de veiller sur lui et de le diriger dans ses recherches et ses travaux.

Sauf Paris, aucune autre ville ne pouvait présenter plus d'intérêt et plus de ressources à Vaucanson.

L'antique, la grande, la glorieuse industrie de « cette seconde capitale de la France » alors dans toute la splendeur de la supériorité de ses produits et de ses richesses commerciales, mettait en jeu d'innombrables métiers. Et ces métiers étaient tous supérieurs à ceux dont on se servait dans les autres centres de production de soieries, ce qui ne les empêchait pas d'attendre une transformation devinée, espérée, mais à peine encore entrevue.

Le transformateur ne devait pas être Vaucanson, mais bien Jacquard. Toutefois le premier devait préparer les voies au second et, dans un autre ordre de mécanisme, puiser dans l'étude des métiers à tisser, les connaissances pratiques qui lui manquaient.

Il n'est pas une science où tout ne s'enchaîne; où le progrès réalisé ne soit amené par le progrès précédemment obtenu et ne soit, à son tour, le point de départ des progrès suivants.

Cet enchaînement qui est évident et en quelque sorte palpable dans toutes les branches de la science et des arts, est surtout rigoureux en mécanique.

Lyon n'offrait pas seulement aux investigations de notre ardent travailleur, la pratique de ses métiers, l'expérience et les conseils de ses habiles ouvriers, il lui ouvrait des bibliothèques, des archives, des collections d'une richesse incomparable.

Vaucanson y puisait avec passion, et de petit mécanicien inconscient que l'avait fait la nature, il devenait rapidement un des hommes les plus versés de son temps en physique et en mécanique.

Sur ces entrefaites fut mis, ou plutôt remis à l'ordre du jour, à Lyon, le projet plusieurs fois présenté au concours et toujours abandonné faute d'une solution satisfaisante, de la construction d'une machine hydraulique assez puissante pour faire monter les eaux de l'un des fleuves qui arrosent ses quais jusqu'aux quartiers de la ville les plus éloignés et les plus élevés.

Dans sa pensée, Vaucanson résolut immédiatement le problème, mais telle était l'importance de l'entreprise qu'un peu par défiance de lui-même et beaucoup par timidité, il n'osa parler à personne de « son idée. »

Il avait entendu vanter une œuvre du même genre, considérée alors comme « une huitième merveille du monde » mais sans avoir pu se procurer des détails techniques sur sa construction.

Le secret de cette construction piquait vivement la curiosité du jeune mécanicien, aussi s'empressa-t-il pour la satisfaire de saisir l'occasion qui lui fut offerte d'un voyage à Paris.

A peine arrivé dans la grande capitale, il demanda le *Pont-Neuf*, la *Samaritaine*.

Justement *le Plat d'étain* où s'arrêtait alors le coche de Lyon, et où s'arrêtent encore, croyons-nous, une bonne partie des omnibus desservant les environs de Paris, le *Plat d'étain*, lui dit-on, n'était pas loin de l'objet de ses curiosités.

Sans en demander davantage il se fait indiquer le chemin ; il y court, et qu'elle n'est pas sa joie en constatant que le jeu de la machine de la *Samaritaine* est exactement celui qu'il a imaginé à Lyon.

Mais au lieu de se laisser griser par cette preuve si flatteuse de la justesse de ses vues en mécanique, Vaucanson sait y chercher et y trouver une leçon utile : il comprend plus nettement qu'il ne l'a encore fait tout ce qui lui manque pour tirer un parti avantageux de la singulière aptitude dont il est doué.

Il suspend tout travail pratique et consacre tout son temps, toute son intelligence à trois branches d'études, que plus que jamais il estime indispensables : la musique, l'anatomie et la mécanique.

Les deux premières lui sont encore complètement étrangères et il n'a fait qu'effleurer la troisième.

Après plusieurs années d'un travail assidu, il consent enfin à s'accorder quelque repos, quelque récréation ; mais qu'on n'imagine pas que c'est au plaisir et à la société de jeunes hommes de son âge, qu'il va les demander.

Avec cette logique serrée du montagnard et, en particulier

du montagnard du Dauphiné, dont il resta toujours un des types les plus remarquables et les plus sympathiques, Vaucanson s'était choisi pour maxime, « un homme intelligent et honnête ne doit jamais perdre son temps, même lorsqu'il l'emploie à son plaisir et pour son délassement. »

Il reprend, mais d'une main autrement sûre et hardie, ses

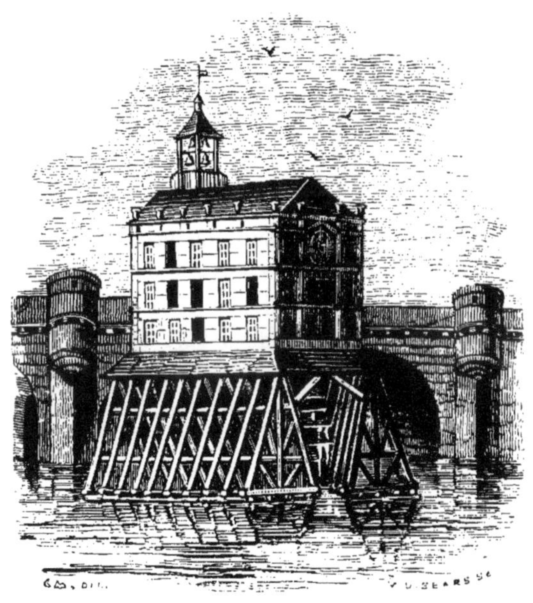

La Samaritaine.

travaux d'adolescent. Le flûteur des Tuileries lui donne l'idée d'une statue armée d'un véritable instrument et en tirant des airs; il se met à l'œuvre; les railleries d'un oncle, qui traite son projet d'extravagance, le lui fait abandonner; mais il y reviendra un peu plus tard, pendant les loisirs forcés d'une longue maladie, et il réussira au point que, sans tâtonnements, sans corrections, l'assemblage des pièces qu'il a fait fabriquer par différents ouvriers, produira et les mouvements du flûteur et les sons de l'instrument.

On raconte à ce sujet que le domestique de Vaucanson, qui se tenait caché dans l'appartement, en entendant cette mélodie merveilleuse, s'élance de sa cachette, tombe aux pieds de son maître en s'écriant : « Vous êtes plus qu'un homme ! »

Vaucanson, non moins ému que son ardent admirateur, le relève, le serre dans ses bras et éclate en sanglots : désormais il aura foi en son génie.

Au flûteur succéda l'automate qui jouait à la fois du tambourin et du galoubet; puis ces célèbres canards qui barbottaient, allaient chercher le grain, le saisissaient dans l'auge et l'avalaient. Ce grain, suivant ensuite les principales opérations de la digestion chez l'animal, subissait dans l'estomac une espèce de trituration, et passait dans les intestins.

Ce véritable tour de force dans l'art mécanique eut un succès immense : on en parla d'un bout de l'Europe à l'autre et les félicitations, les offres, affluèrent chez Vaucanson.

Le roi de Prusse, entre autres, qui cherchait à réunir à sa cour tous les hommes remarquables de l'Europe, lui proposa les plus grands avantages s'il consentait à aller se fixer à Berlin. Vaucanson eut le patriotisme de repousser ces avances flatteuses, exemple que beaucoup trop des illustrations de son temps ne lui avaient point donné, et que tant d'autres après lui ne devaient pas suivre.

La France devait une compensation à ce généreux désintéressement; elle ne la lui fit pas trop longtemps attendre. Le cardinal Fleury, alors ministre, nomma Vaucanson inspecteur des manufactures de soie.

A Lyon, où il s'établit à la suite de cette nomination, il s'occupa très activement, non seulement du perfectionnement des métiers à tisser, mais de tous les genres d'amélioration dont l'industrie de la soie, si compliquée, si multiple dans ses manipulations, est susceptible.

Il imagina des machines propres à donner à volonté de l'apprêt aux diverses espèces de soie, à rendre cet apprêt

Automates Vaucanson.

égal pour toutes les bobines ou tous les écheveaux d'un même travail et pour toute la longueur du fil qui forme chaque bobine ou chaque écheveau ; il imagina, en outre, les instruments nécessaires pour exécuter avec régularité et d'une manière uniforme les différentes parties de ces machines. Ainsi, une chaîne sans fin donnait le mouvement à son moulin à organsiner ; il créa une nouvelle machine pour former la chaîne en mailles toujours égales, qui est regardée comme un chef-d'œuvre.

Mais ce à quoi il s'appliqua surtout, ce fut à donner aux mouvements des grandes machines la précision si nécessaire à la régularité de leurs effets.

Aujourd'hui que l'art mécanique a fait des progrès qui l'ont en quelque sorte transformé, on est porté peut-être à ne pas tenir assez compte de la valeur des travaux qui ont marqué la période antérieure à l'emploi de la vapeur et des machines-outils.

Cette précision, que Vaucanson et ses émules n'obtenaient que par des traits de génie, est devenue en quelque sorte si naturelle dans la mécanique actuelle qu'il semble que c'est faire des grands hommes à bon marché que de tant insister sur leurs services à cet égard.

Pour bien juger de l'importance de ces services, pour apprécier les résultats qu'ils ont produit, il est bon de se rendre compte de la situation exacte de l'industrie qui nous occupe à la fin du siècle dernier.

La somptuosité de la parure et des vêtements que nous avons montrée, ayant atteint son apogée sous le règne de Louis XIV, s'était soutenue sous Louis XV, époque à laquelle cependant les habillements masculins perdirent cette ampleur qui leur donnait une forme pittoresque et faisait si bien valoir l'élégance des tissus qui y étaient employés.

En revanche, ces tissus acquirent plus de perfection.

Mais sous le règne de Louis XVI, un certain engouement pour les modes anglaises, qui nous revenaient après avoir passé l'Atlantique, par l'entremise de ces vaillants patriotes américains dont notre ardente sympathie politique s'attachait jusqu'à copier les manières, la tenue et les habits; cet

Somptuosité de la parure et des vêtements sous Louis XIV et Louis XV.

engouement, disons-nous, vint entraver la marche prospère de nos manufactures de soieries auxquelles la révolution devait apporter bientôt une ruine momentanée.

D'autre part, l'outillage était évidemment défectueux, et mieux que personne Vaucanson en avait conscience ; mieux que personne surtout, il se sentait le génie nécessaire pour remanier tous ces métiers, restes d'un autre âge et à la fois peu favorables à la perfection du travail et funestes à ceux qui les employaient.

A ce double point de vue, l'amélioration de la machine à tisser, lui apparaissait et comme un acte de philanthropie et comme une œuvre de progrès scientifique.

III

Déjà, à cette époque, et même bien antérieurement, la fatale et réciproque prévention d'ouvriers à patrons, créait, comme elle le fait partout à nos grandes industries de sérieux embarras, et rendait pénibles et délicates les fonctions des inspecteurs de manufactures.

Vaucanson eut le tact et le mérite rare, d'écarter ces difficultés de sa carrière administrative.

Toujours impartial, il soutenait ce qui lui semblait juste, que ce fût au profit du patron ou à celui des ouvriers.

Ceux-ci lui en savaient bon gré. De plus ils étaient flattés dans leur amour-propre et dans leurs aspirations à monter et à faire monter leurs enfants à un degré supérieur de l'échelle sociale, par l'origine plébéienne de cet homme si considéré, si admiré et qui cependant ne cherchait pas à faire oublier et encore moins à oublier lui-même ses modestes débuts dans la vie.

Il ne fallut cependant qu'un incident, et quel incident? un bienfait réel mais considéré comme une menace et un péril, pour soulever contre le fonctionnaire intègre et respecté, la partie la plus nombreuse de cette population si justement sympathique.

Vaucanson avait cru mettre le sceau à son œuvre de perfectionnement en annonçant, non plus de simples améliorations dans les métiers à tisser, mais une transformation complète, c'est-à-dire la suppression des tireurs de lacs. Un frémissement de colère parcourut comme un courant électrique toute la ville.

Supprimer les tireurs de lacs! Détruire dans sa source ce fléau de l'industrie lyonnaise! Rendre à des centaines, à des milliers de pauvres petits êtres, condamnés au rachitisme moral et physique, la force et la santé!

Cette heureuse innovation sembla à ces hommes aveuglés par la crainte de voir diminuer le salaire de la famille, un crime irrémissible.

Au lieu de remercier, de bénir ce bienfaiteur qui proposait de délivrer les générations à venir d'un labeur qui avait si cruellement asservi les générations passées, ils le poursuivirent de leurs cris, de leurs menaces, de leurs violences.

Vaucanson dut quitter Lyon. En partant, il laissa pour adieux à ses persécuteurs, la plaisante boutade que voici :

— Vous prétendez, dit-il, que vous seuls êtes capables d'exécuter un dessin; eh bien, je vous prouverai le contraire en en chargeant un âne.

Il construisit, en effet, une machine avec laquelle un âne exécutait une étoffe à fleurs.

Et cette machine, paraît-il, manœuvra fort bien (1).

(1) On peut la voir encore au conservatoire des arts et métiers à Paris où elle a été conservée avec une partie des dessins qu'elle exécutait.

Vaucanson, définitivement installé à Paris, entreprit la construction d'un automate dans l'intérieur duquel devait s'opérer tout le mécanisme de la circulation du sang.

Le roi s'intéressait fort à ce travail qui se faisait en grand mystère, à cause des récriminations qu'il ne devait pas manquer de soulever dans le corps médical, jaloux de se réserver le secret des phénomènes de cette circulation que quelques-uns de ses membres mettaient encore en doute.

Ce ne fut cependant pas de ce côté que vint l'obstacle qui arrêta court l'œuvre commencée et dont le succès était certain, affirmait l'inventeur. L'empêchement vint de l'entourage intime du roi.

Soit que les instructions que ce prince avait données pour que les matériaux nécessaires fussent fournis à Vaucanson n'eussent pas reçu leur exécution ; soit à cause des lenteurs apportées à leur livraison, Vaucanson, découragé, abandonna son entreprise.

Il tourna alors toute son activité sur ce qui, disait-il, serait le chef-d'œuvre de sa vie : la construction d'une machine devant produire la chaîne sans fin.

Cependant sa santé déclinait ; lui seul paraissait ne pas s'en apercevoir. Malgré les instances de sa famille, de ses amis, il refusait de se reposer.

— Quand j'aurai ma chaîne sans fin, disait-il.

Et il activait le travail de ses ouvriers, s'impatientant de ce qu'il appelait leur lenteur, les stimulant par sa présence, par ses encouragements incessants et usant ainsi ce qui lui restait de forces.

Le moment vint où le découragement le prit.

— C'est fini, dit-il un soir à ses amis ; Dieu ne veut pas que mon œuvre s'achève... ou du moins je ne la verrai pas s'achever.

Un espoir, on le voit, lui restait, l'espoir qu'un ami, un élève, un ouvrier peut-être, aurait compris sa pensée et en continuerait l'exécution.

Cette espérance ne se réalisa pas.

Le grand inventeur mourut le 21 novembre 1784, et son invention dernière et capitale resta suspendue.

De son œuvre, en général, que reste-t-il? Peu de chose. Mais est-ce à dire, comme on se l'imagine généralement, que cette œuvre ait consisté en objets de curiosité, d'amusement, quelque chose comme les jouets de plus en plus ingénieux qui font les délices de nos enfants : poupées articulées et parlantes, oiseaux chantants, lapins sautants et gambadants, etc., etc.

Non certes, ce fut autre chose que cela, et si on peut trouver l'idée première de tous ces objets dans le canard marchant, nageant, prenant les grains dans une mangeoire, les avalant, les triturant, les digérant presque, qui fit courir tout Paris et dont on célébra les merveilles dans toute la France et bien au delà de nos frontières, il faut chercher dans ce petit chef-d'œuvre une création bien autrement importante.

Vaucanson cherchait dans la structure des corps animés et vivants, le secret de la machine telle qu'elle devait se produire plus tard, telle que nous l'admirons aujourd'hui.

Il l'y étudiait et il eut la gloire de l'y trouver. L'automate, c'est-à-dire la matière inerte obéissant à la volonté de l'homme et se substituant à lui, dans une certaine mesure, pour ménager ses forces, l'automate, disons-nous, qui n'avait jusque-là été qu'ébauché, sort complètement créé du cerveau d'abord, et ensuite des mains habiles et patientes de Vaucanson.

LA SALLE

LA SALLE (PHILIPPE)

1723 — 1804.

I

Moins connu que son contemporain Jacquard, dont il fut un des précurseurs les plus autorisés en ce qui fait au moins la gloire principale du grand ouvrier lyonnais, le métier qui porte son nom, Philippe La Salle, né à Seyssel, près de Gex, fut d'abord un artiste habile et devint ensuite un savant mécanicien. Ses débuts dans la vie, comme ceux de Vaucanson, ne rencontrèrent aucun de ces obstacles, aucune de ces luttes à soutenir, qui d'ordinaire sont le partage des inventeurs.

Ayant manifesté très jeune de grandes facilités pour le dessin, il fut envoyé par ses parents à Lyon où Sarrabas, peintre d'histoire très distingué, lui donna des leçons.

Ses progrès furent rapides, et Sarrabas, qui s'intéressait à lui, l'engagea à aller à Paris, où il le recommanda au célèbre Boucher.

Bien accueilli chez ce maître, très chaudement encouragé

par lui, La Salle, bien que comprenant combien seraient facilitées sa carrière et sa réputation en restant placé sous les auspices d'un peintre si en faveur, n'hésita pas cependant à quitter son atelier.

Était-ce caprice, besoin de changement, comme le prétendirent ses amis, qui tous blâmèrent sa décision?

Non; le jeune homme obéissait en cela à l'impulsion de sa conscience : « la manière de ce maître était peu en harmonie avec l'idée qu'il se faisait de l'art, dont le but et le mérite étaient, lui semblait-il, de représenter aussi fidèlement que possible la nature. »

Le « maniéré, » le « cherché » étaient alors, on le sait, très en vogue parmi les peintres de genre. La Salle, qui le savait, comprit qu'il lui serait difficile de trouver un atelier où le genre qui plaçait si haut Boucher dans la faveur publique, ne serait pas en honneur.

Décidé à ne s'inspirer que des grands modèles de l'antiquité, et à se créer une manière qui répondît à ses idées et lui appartînt en propre, il partit pour Rome.

Il rêvait la gloire de grand peintre d'histoire. Une halte qu'il fit à Lyon pour y voir quelques amis, modifia ses plans et décida de son avenir.

Un des grands fabricants de Lyon, M. Charryé, ayant eu occasion de recevoir chez lui le jeune peintre, fut frappé de la justesse de son esprit, de la grâce, de l'aménité de ses manières et surtout de la façon dont son crayon rapide et sûr, enrichit en quelques instants l'album de la maison de quelques dessins charmants.

— Que voulez-vous aller faire à Rome, lui dit-il d'un ton à la fois brusque et courtois. Croyez-moi, votre place est ici et non ailleurs. Il y a là, ajouta-t-il en frappant du revers de sa main l'album qu'il venait de poser sur la table, il y a là pour vous de sûrs garants de fortune et de gloire.

— Oh! balbutia le jeune peintre, fortune, gloire!

— Consentez seulement à donner votre concours à ma maison, et je réponds du reste.

La Salle connaissait de longue date M. Charryé; il savait que c'était, non seulement un des plus riches et des plus notables négociants de Lyon, mais un des hommes les plus généreux, les plus honnêtes de cette ville, où les hommes généreux et honnêtes ne se comptent pas!

Il n'hésita pas à accepter l'offre qui lui était si inopinément faite, ou s'il hésita, son hésitation fut de si courte durée que personne autour de lui ne s'en aperçut. Il répondit :

— Pour si peu que vous jugiez que je puisse vous être utile, j'accepte avec reconnaissance votre offre si bienveillante et si cordiale.

— Comment, si vous pouvez m'être utile; mais à nous deux, jeune homme, nous créerons des merveilles... vous verrez.

Les merveilles, en effet, furent créées par le pinceau de La Salle et réalisées ensuite par les tisseurs renommés de la maison Charryé.

La fortune fut plus prompte à venir que Philippe n'eût osé l'espérer et que M. Charryé lui-même ne le pensait le soir où l'avenir du jeune artiste s'était décidé.

Toutefois, elle ne lui venait pas par son mérite seul.

De plus en plus charmé du talent de son employé, de la justesse, du sérieux de son esprit, de la sûreté de ses principes, M. Charryé, après l'avoir associé à son commerce, lui avait donné sa fille en mariage.

A partir de ce moment, le jeune peintre se consacra exclusivement à la peinture des fleurs et à l'exécution de dessins pour étoffes brochées.

Il n'avait pas trente ans quand son talent, déjà célèbre, lui fit obtenir, à titre d'encouragement et de récompense, une pension de l'État.

Il redoubla d'efforts et concentra toute la puissance, toute l'ingéniosité de son profond esprit d'observation sur la fabrication des étoffes de soie.

Cette fabrication, à cette époque, était bornée aux tissus destinés aux vêtements et aux ornements du culte. La Salle imagina d'y ajouter les étoffes pour meubles et tentures.

Il ne craignit pas d'essayer d'obtenir par la navette la reproduction d'hommes, d'animaux qu'on n'avait jusqu'alors demandés qu'à l'industrie de la tapisserie. Il réussit à reproduire en broché les portraits de Louis XV et de l'impératrice de Russie.

Son succès fut complet.

La cour de Russie lui commanda un mobilier entier en soie.

Ces ouvrages et une multitude d'autres, dont la perfection porta à son apogée la renommée de la fabrication lyonnaise, fixèrent l'attention de Turgot, qui envoya à leur auteur le collier de Saint-Michel et une pension de 6,000 livres.

Disons de suite que ce n'était pas seulement à l'élégant dessinateur, à l'intelligent et habile manufacturier que s'adressaient ces marques de distinction.

La Salle avait fait plus pour l'industrie lyonnaise que de lui créer une branche nouvelle d'action, et de la doter de modèles admirables, il avait apporté à son outillage de précieuses modifications.

II

L'art des étoffes brochées tel qu'on le pratiquait alors, avait des inconvénients graves.

Par suite des préparatifs dont nous donnerons le détail en

TURGOT

parlant du métier Jacquard et de la nécessité, une fois l'étoffe fabriquée, de démonter le métier sans rien pouvoir conserver de cette longue mise en train, rendaient la production lente et coûteuse.

La Salle imagina, grâce à un système de planchettes de dimensions parfaitement égales que l'on appliquait instantanément au métier, de conserver les cordes dans le même état et de les remettre en place en peu de minutes, ce qui permettait de suspendre et de reprendre à volonté, et selon le besoin, la fabrication du même dessin.

Les dessins numérotés avec leurs cordes correspondantes et prêtes à opérer, restaient déposés dans un magasin spécial. A chaque demande nouvelle, on allait les prendre dans leur casier, on les accrochait au métier, et au lieu d'attendre deux ou trois mois la mise en train du tissage, presqu'à l'instant la navette reprenait son jeu. Le consommateur n'avait pas à attendre le tissu désiré; pas un centime de capital ne restait improductif, pas un mètre d'étoffe ne courait le risque de rester invendu.

C'est à cette occasion surtout que Turgot, si éclairé sur l'économie des capitaux et du temps, accorda toute son estime et toute sa faveur à La Salle.

Necker ne le tint pas en moins grande considération; il l'autorisa à monter ses métiers aux Tuileries et à y faire la première application de navettes volantes destinées à fabriquer des gazes et d'autres étoffes de toute largeur.

Cette heureuse innovation, malgré la publicité et en quelque sorte le caractère officiel qui lui fut ainsi donné, non seulement devait être contestée à son inventeur, mais être ramenée plus tard en France comme d'origine anglaise.

Il est juste d'en rendre l'honneur à La Salle et à la France qui l'en a récompensé le 1er mai 1780, en accordant, par brevet, à Mme La Salle, la réversion du tiers de la pension de son mari.

La Salle s'occupa ensuite de rendre la construction de son

métier moins dispendieuse et plus facile, en inventant des matrices par lesquelles les planchettes semblables qui servent à rapporter les dessins sur le métier, sont percées régulièrement, promptement et presque sans frais.

Cette innovation lui mérita la grande médaille d'or destinée aux travaux les plus utiles au commerce.

A l'ère de prospérité dont nous venons d'esquisser les traits principaux succéda, pour La Salle, comme pour tous les fabricants et les ouvriers lyonnais, une période d'épreuves cruelles, amenée par les événements publics. Les ateliers d'où étaient sorties tant de merveilles d'art furent impitoyablement ravagés; la pension de l'industrieux inventeur fut diminuée d'abord, et bientôt après complètement suspendue. Pour pouvoir reconstruire ses machines, seule perte qu'il eût regrettée, il dut vendre des meubles et des objets d'art longuement et soigneusement collectionnés.

Le courage, l'énergie, les efforts de ce travailleur infatigable ne furent pas étrangers au rapide relèvement du commerce lyonnais.

Ne comptant ni avec les sacrifices, ni avec les peines, ni avec les déceptions, toujours si nombreuses dans les circonstances aussi difficiles que celles où se trouvait alors placée notre industrie nationale, on le trouvait toujours le premier à l'œuvre, toujours prêt à faire participer ceux qui l'entouraient au moindre progrès obtenu.

Sa bienveillance était inépuisable; il eût voulu réunir en sa main toutes les misères, toutes les souffrances de l'humanité pour les soulager; c'est ainsi que dans les dernières années de sa vie, couché malade sur un lit de douleur, il imagina et fit construire un lit mécanique propre à faciliter le pansement des blessés et à leur procurer le sommeil si nécessaire dans leur état de souffrance. Ce lit se prête à toutes les positions que le médecin ou le chirurgien peuvent désirer et que réclame la commodité du malade.

A la même époque, et toujours préoccupé du désir de diminuer la peine des travailleurs, il construisit pour les soies un moulin et un tour plus parfaits que ceux qui étaient en usage.

Un logement lui avait été accordé, à titre de récompense nationale, dans les bâtiments de Saint-Pierre à Lyon. C'est là qu'il mourut le 13 février 1801, au milieu des machines qu'il y avait fait transporter, auxquelles il travaillait encore et qu'il a léguées au Conservatoire.

Près d'expirer, il demanda la minute de cette donation et la signa d'une main tremblante. Il s'éteignit ensuite entre les bras de la bien-aimée compagne de sa vie.

III

Les voies ainsi préparées à la définitive invention du métier sans « tireurs de lacs, » il semblait que celui qui apporterait ce bienfait à l'industrie du tissage de la soie, serait reçu comme un bienfaiteur.

Il n'en fut point ainsi, on le sait. Jacquard vint avec sa merveilleuse machine, merveilleuse par sa simplicité, par la perfection de ses produits, par la transformation surtout qu'elle apportait dans la vie des Lyonnais.

On sait comment ce bienfait fut accueilli.

L'histoire de Jacquard est trop connue pour que nous ayons à revenir ici sur l'importance des services rendus par lui à la mécanique, dont il fut, au point de vue du tissage, le rénovateur le plus autorisé.

Son système est aujourd'hui répandu dans toutes les industries qui s'occupent du tissage, aussi bien pour le chanvre, le lin, la laine, le coton que pour la soie.

Il a servi de base à toutes les inventions qui se sont succédé, et il n'est pas sans intérêt d'aller admirer au Conservatoire des arts et métiers, dans toute sa simplicité primitive, le premier modèle ébauché par lui à Paris quand il y vint, mandé par Carnot, au sujet de son métier à fabriquer le filet.

Le premier consul, témoin de son entrevue avec Carnot, n'eut pas de peine à pressentir dans cet humble ouvrier l'homme de génie. Il s'intéressa à lui et lui fit ouvrir toutes grandes les portes du Conservatoire des arts et métiers.

Là, Jacquard put voir et étudier ce qui s'était fait avant lui. Ses derniers tâtonnements, ses dernières hésitations firent place à une pleine confiance en lui-même.

Avant son retour dans sa ville natale, son métier était fait, et le modèle, qui existe encore aujourd'hui, faisait l'admiration de Bonaparte et de Carnot, venus en grande pompe au Conservatoire pour le voir.

IV

Bien que la description du métier Jacquard puisse sembler superflue, tant le système en est aujourd'hui répandu, nous devons entrer dans quelques détails indispensables pour établir tout le mérite, toute la valeur de l'œuvre du glorieux ouvrier lyonnais.

Au moment où parut le métier Jacquard, trois genres de métiers pour la fabrication des étoffes façonnées étaient en usage à Lyon.

Chacun de ces métiers exigeaient le concours de deux personnes pour le faire marcher : le tisseur et le tireur de cordes, dit en termes de métier, tireur de lacs.

Ces métiers étaient, d'abord celui de Vaucanson, généralement connu sous le nom de métier à la *falcone*.

JACQUARD

Les deux autres étaient ceux à sangles et à raccrochages, perfectionnés par La Salle dont nous venons de montrer le talent comme artiste et mécanicien.

Il arrivait dans l'emploi de ces métiers que la hauteur de certains dessins et le grand nombre de lacs exigeaient deux cassins et conséquemment deux tireurs de cordes, indépendamment du tisseur.

C'est cette adjonction de tireurs de cordes, adjonction coûteuse au point de vue de la main-d'œuvre et déplorable au point de vue de l'hygiène et de la santé des ouvriers qui y étaient employés, que Jacquard avait en vue de supprimer.

Ajoutons bien vite que cette économie si importante, cette amélioration si grande, ce service si immense en un mot, rendu à la fabrication des soiries et à toute une des classes d'hommes qui y sont employés, furent admirablement réalisés par le modeste inventeur.

A l'apparition du premier métier de Jacquard, un des hommes les plus considérés et les plus compétents de Lyon, M. Grand, en précisa très exactement le mérite.

« Jacquard, dit-il, a puisé l'idée de sa découverte dans le métier à la *falcone* de Vaucanson, lequel marche au moyen de cartons poussés horizontalement par une personne assise à droite de l'ouvrier, faisant la même fonction que le tireur de cordes du métier à sangles et à rames.

» La marche du métier, le lisage et le perçage des cartons appartiennent donc incontestablement à Vaucanson; mais comme dans ce qu'a laissé cet habile mécanicien, rien ne permet de penser que, poussant plus loin ses recherches, il ait eu l'idée de supprimer la manœuvre du tireur de lacs par un nouveau mécanisme, tout le mérite de cette invention est bien acquis à Jacquard. »

Il est incontestable, on le voit, par ce passage si net et si clair du beau travail de M. Grand sur l'invention qui nous occupe, que c'est à Jacquard que l'industrie de la soie doit la simplification qui ne tarda pas à ouvrir des voies nouvelles à la fabrication des étoffes de luxe.

Stimulé par ces encouragements, notre inventeur résolut de donner à ses métiers toute la perfection dont il les sentait susceptibles.

« M. Grand, alors à la tête de la fabrique de M. Pernon, lui prêta le concours le plus utile. Il lui fit remarquer tout d'abord le mouvement gêné des crochets et la marchure pénible, pour l'ouvrier, du va-et-vient du charriot à roulettes qui, emboitant

Métier à tisser.

les cartons, opérait une trop grande pression du cylindre sur les aiguilles.

» Il fallait trouver un moyen de maîtriser, de régulariser le jeu des crochets. Un ouvrier tisseur et mécanicien, nommé Arnaud, suggéra à Jacquard, dont le génie mécanique se trouvait cette fois en défaut, l'idée d'employer à cet effet des élastiques.

» L'idée était bonne. A ce premier perfectionnement, Breton, mécanicien également employé par Jacquard, en ajouta un second non moins important : la suppression du charriot qui fut remplacé par la presse mobile à ressort, laquelle a fait depuis partie de tous les métiers à la Jacquard. »

Et si après avoir ainsi exposé les traits généraux et les avantages les plus marqués de l'œuvre de Jacquard, nous nous demandons quels mobiles puissants firent naître chez l'inventeur la pensée de tourner de ce côté ses rares aptitudes en mécanique, nous reconnaîtrons, avec un de ses biographes les plus autorisés, que ces mobiles furent, d'une part, la plus honorable des philanthropies; d'autre part, le désir non moins honorable et désintéressé de contribuer à la gloire et à la richesse de la patrie en élevant la fabrication lyonnaise au-dessus des nombreuses concurrences qui lui étaient faites.

« Les anciens métiers offraient deux inconvénients majeurs :

» 1° La perte du temps employé à préparer les rames et les sangles, à lire les dessins, à faire les lacs, préparatifs qui exigeaient un, deux et même trois mois, selon l'importance et la complication du travail à produire et que le système Jacquard a entièrement supprimés;

» 2° Les frais considérables et indispensables des cordages, du travail des faiseuses de lacs, des appareilleuses, des liseuses et enfin des tireuses de lacs, qui n'existent plus dans les nouveaux métiers.

» Les difficultés d'exécution provenaient de plusieurs causes :

» 1° Humidité ou sécheresse de l'atmosphère, très variable à Lyon, et qui, agissant sur les cordages pour en augmenter ou en diminuer la longueur, amenaient dans le travail des irrégularités et des imperfections, auxquelles toute l'habileté du meilleur tisseur était souvent impuissante à remédier;

» 2° Inattention ou inhabileté de la tireuse de lacs amenant, par une tension non régulière, désaccord avec l'action des maillons et, par suite, nuisant à l'exécution du dessin ;

» 3° Rupture accidentelle des lacs, lesquels ne pouvaient être remplacés sans que l'exécution du dessin ne s'en ressentît ;

» 4° Différence entre les mouvements du tisseur et celui de la tireuse, laquelle amenait, pour le premier, un ralentissement de travail, c'est-à-dire une perte de temps toujours considérable ;

» 5° Enfin, la misérable condition des tireurs ou tireuses de lacs. Ceux qui ont eu occasion de voir quelqu'un de ces anciens métiers, ayant survécu à l'abandon général dont ils ont été l'objet, peuvent seuls se rendre compte du supplice auquel étaient condamnés ces pauvres enfants (des jeunes filles d'ordinaire), dont le travail, se réduisant à un mouvement machinal, non seulement les rendait impropres à tout autre genre d'occupation, mais les conduisait presque immanquablement à une espèce d'idiotisme quant à l'intelligence, et, souvent, à à un rachitisme qui en faisaient les parias de la fabrique.

» En supprimant cette cause permanente et forcée de dégradation intellectuelle et d'appauvrissement physique, le mécanisme de Jacquard a été incontestablement un véritable bienfait pour l'humanité.

» A ce seul point de vue, le modeste et glorieux inventeur lyonnais mériterait une place d'honneur parmi les hommes utiles dont la France a le devoir de se glorifier, alors même que notre industrie des tissus ne lui serait pas redevable des économies considérables et des perfectionnements de travail que nous avons indiqués.

» Ce n'est pas tout cependant : dans un autre ordre de considérations, moins importantes en apparence, bien que dans la pratique elles aient une valeur réelle, nous trouvons les avantages suivants à relater :

» L'ancien métier occupait un espace considérable, par suite du volume de ses rames et de ses sangles, et l'on ne pouvait le mouvoir sans déranger son gréement.

» Le métier Jacquard, d'une forme élégante et commode, se prête sans inconvénients à tout changement de place.

» L'ancien métier était encombré de cassins, de rames, de sangles, etc.

» Le nouveau est totalement dégagé de cet attirail, remplacé par une cage de 10 centimètres de largeur sur 40 de longueur et 30 de hauteur, remplie de broches de fer transversales et verticales, au jeu desquelles est dû principalement le nouveau mécanisme.

» Ce jeu est si facile et si régulier qu'on est sûr de la parfaite exécution des dessins les plus compliqués.

» Enfin, le métier Jacquard qui, considéré sous le rapport de son mécanisme, a, aux yeux des hommes de l'art, le caractère par excellence de la perfection, celui de la simplification d'action, est de moitié au moins meilleur marché, comme prix d'achat, que l'ancien.

» Tout le monde sait que ce n'est pas à la seule industrie du tissage de la soierie que s'est borné le bienfait de l'invention qui nous occupe. On l'a appliquée au tissus de toute nature, il s'est introduit dans tous les pays, amenant partout perfectionnement dans les produits, diminution des prix de revient, et, par suite, augmentation dans la fabrication, de telle sorte que cette simplification que les ouvriers de Lyon avaient repoussée comme une menace est devenue pour eux et pour toutes les populations industrielles, qui vivent de la mise en œuvre des matières textiles, un puissant élément de travail.

» En ce qui touche plus particulièrement à l'industrie de la soie et à la fabrication lyonnaise, la découverte de Jacquard a eu une portée immense.

» C'est grâce à elle que l'industrie lyonnaise s'est d'abord relevée de son état de ruine, et qu'elle a pu ensuite soutenir la concurrence qui lui était faite de toutes parts, tant à l'étranger qu'en France.

» Sans l'aide que lui a apportée ce moyen nouveau de perfection dans la fabrication des belles étoffes qui assurent sa supériorité, notre grande cité manufacturière aurait-elle traversé glorieusement, comme elle l'a fait, les crises qui, plusieurs fois, ont menacé sa prospérité?

» Aurait-elle gardé intacts les avantages nombreux qui rendent sa fabrication sans rivale?

» Il est permis d'émettre à cet égard plus qu'un doute. »

PHILIPPE DE GIRARD

GIRARD (PHILIPPE DE)

1775 — 1845

I

Avec Philippe de Girard, nous arrivons à une époque et dans un milieu où la mécanique va prendre son essor.

Il ne s'agira plus de son application aux progrès de tel art, de telle industrie; elle s'imposera à toutes les branches des connaissances humaines.

Servie par des forces naturelles jusque-là inconnues ou du moins inutilisées, elle ira au devant de tous les besoins des hommes.

Les découvertes faites par les physiciens et les chimistes, réclament, pour entrer dans la pratique, son concours.

Ce concours, elle ne leur marchande pas.

A peine la puissance de la vapeur comme force motrice est-elle reconnue, que de toutes parts se multiplient les essais d'utilisation, et deux grands courants se forment aussitôt dans cette espèce de steeple-chase d'un nouveau genre.

D'un côté, l'application de la force motrice de la vapeur à la navigation;

De l'autre, son extension à la locomotion sur terre.

Tout a été dit sur les immenses résultats obtenus dans ce double champ d'action. « Sœur aînée de la télégraphie électrique, la locomotive voit bientôt se resserrer les liens qui unissent les deux inventions.

» L'électricité indique les évolutions de la vapeur; elle signale son départ, précède son arrivée, explique ses retards. A son tour, la vapeur obéit sur terre et sur mer, aux ordres que lui transmet l'électricité, exécute les transports qu'elle lui commande, procède avec célérité, dans les deux mondes, à l'installation du gigantesque outillage que réclame l'organisation de la télégraphie terrestre et sous-marine. »

Dans un autre ordre de faits, la puissance éclairante du gaz de houille est constatée; mais il faut des machines pour le produire, des machines pour l'épurer, des machines pour le distribuer, des machines enfin pour le brûler.

Et tout un monde nouveau de mécaniciens surgit, travaille, et, après une foule d'essais infructueux, arrive au résultat que l'on connaît.

De grandes entreprises, découlant comme naturellement de l'établissement des chemins de fer et de l'extension de la navigation à vapeur, s'imposent aux besoins des sociétés contemporaines. Vite un autre genre d'outillage sollicite le génie des inventeurs, et marteaux, pilons géants, sondes puissantes, excavateurs cyclopéens sortent en foule de nos grandes usines et vont, ici percer les montagnes, là combler les vallées, ailleurs réunir deux mers depuis de longs siècles séparées.

La guerre, qui de temps immémorial, a été chez les peuples civilisés une science et un art réclamant au plus haut point le génie chez ceux qui la dirigent, l'intelligence, l'instruction, la discipline chez l'officier et le soldat; la guerre elle-même a été emportée dans le tourbillon.

Il lui a fallu des moyens plus prompts, plus terribles de destruction, et la mécanique militaire a dû se transformer.

Franklin trouvait le moyen de diriger la foudre à son gré.

Qu'une guerre européenne vienne à éclater, et le monde terrifié se demandera si la fable antique de Jupiter, tenant la foudre en sa puissance et la dirigeant d'un geste, ne s'est pas réalisée.

II

Au moment où naquit Philippe de Girard, ce grand mouvement destiné à changer les conditions de la vie sociale dans toutes ses formes, n'avait pas encore éclaté.

Toutefois, il s'annonçait déjà par un redoublement d'inquiétudes dans les esprits. On voyait les gens du monde revenir aux pratiques des sciences occultes depuis longtemps abandonnées. Les savants, de leur côté, s'acharnaient à pénétrer les secrets de la nature, et les masses, à la fois sceptiques et crédules, attendaient anxieuses l'issue de cette lutte des hommes avec le monde naturel et surnaturel.

Déjà la nature et les effets de l'électricité étaient entrevus, et Franklin trouvait le moyen de diriger la foudre à son gré.

Déjà les applications de la vapeur, l'extraction du gaz attendaient l'ingénieur habile, le mécanicien adroit, qui feraient de ces agents encore récalcitrants, des serviteurs dociles.

Placée dans un milieu éclairé que passionnaient toutes ces questions de science et d'industrie, la première jeunesse de Philippe de Girard fut en quelque sorte bercée par le récit des merveilles déjà produites et surtout des merveilles espérées, attendues.

Sa jeune intelligence s'enflamma à ces récits qui remplaçaient pour lui les contes de fées.

Aussi, au lieu d'un merveilleux factice qui éveille, excite l'imagination, mais en la faussant, l'enfant se plongeait-il avec délices dans un merveilleux réalisable dont il se promettait dès lors de sonder tous les mystères, d'éclairer toutes les obscurités.

C'était là la tâche immense que dans son insouciance d'enfant il ne craignait pas de se donner.

Il y consacra sa vie, et s'il ne la remplit pas tout entière, du moins y apporta-t-il assez de son génie et de ses efforts pour qu'on puisse affirmer sans crainte que son nom réclame une place honorable à la tête des découvertes et inventions qui ont marqué la première moitié de notre siècle.

Ces explications, que nous avons crues nécessaires, étant données, abordons la biographie proprement dite du grand inventeur (1).

III

Issu d'une famille noble, riche et justement considérée dans sa province, Philippe de Girard naquit en 1775 à Lourmarin (Vaucluse).

M. de Girard, père, était un homme instruit, éclairé, qui, ayant pris au sérieux les conseils et l'exemple d'Olivier de Serres, s'appliquait à reproduire chez lui le portrait du *Bon Ménager* tel que l'a tracé et réalisé le « seigneur de Pradel. »

(1) Nous prenons pour guide dans cette étude le remarquable travail de M. de Triquetti, ami de la famille de Girard et de Philippe de Girard lui-même.

On sait que M. de Triquetti était en même temps qu'un écrivain distingué, un sculpteur du plus grand mérite. C'est à lui qu'on doit la magnifique porte en bronze de la Madeleine. Paris lui doit en outre plusieurs œuvres fort remarquables.

OLIVIER DE SERRES

La prospérité de sa maison, l'honnêteté et le bien-être de ses serviteurs et tenanciers lui tenaient également à cœur, mais sa grande préoccupation était l'éducation de ses fils.

Les rendre capables de servir un jour leur pays était sa plus haute ambition, et il n'épargnait rien pour arriver à ce but.

Grâce à une intelligence précoce, à un esprit de discipline et d'obéissance qui n'excluait ni l'intimité, ni la tendresse de la vie du foyer, les soins du père de famille portèrent leurs fruits. Les arts, les sciences, la poésie furent enseignés à la fois à ces jeunes gens qui devinrent tous, bien qu'à des titres divers, des hommes distingués et utiles.

Nous avons surtout à nous occuper ici de Philippe, qui, bien que le plus jeune, répondait par une assiduité merveilleuse à la sollicitude et aux leçons de son père et de ses professeurs.

Son intelligence précoce se développa rapidement, et trois branches d'études semblèrent surtout l'intéresser ; il y appliqua bientôt toutes les forces de son esprit.

C'était, en premier lieu et au-dessus de tout, la mécanique ; ensuite la peinture, et enfin la poésie. Il construisait avec adresse des moulins sur le petit ruisseau voisin de la demeure de son père, il faisait des vers, il moulait des médailles, et dans toutes ces occupations, considérées par lui et par ses parents comme de simples récréations, il apportait une observation si sagace, un soin si minutieux, que bientôt il ne fut plus possible de s'y méprendre : l'enfant, l'adolescent, s'essayait déjà dans la voie vers laquelle le poussait une de ces vocations irrésistibles, telles qu'on les constate et qu'on les admire chez la plupart des grands hommes.

Le père assistait à ces essais qu'il dirigeait sans en rien laisser paraître. Peut-être craignait-il que le côté artistique prît le dessus, ce qui, eu égard à la rare aptitude de Philippe pour les mathématiques, lui eût paru regrettable.

Mais il se tranquillisa bientôt. Décidément le besoin de créer, d'inventer prenait le dessus : il y avait dans cet enfant l'étoffe d'un inventeur.

Sur ces entrefaites, Philippe fut envoyé à Montpellier pour y suivre ses études. Il avait alors quatorze ans.

La mer l'attirait, le passionnait ; il allait passer ses journées de loisir à Cette, partageant son attention entre le va-et-vient des marins sur le port, la construction, le gréement des navires et surtout, oh ! surtout la mer elle-même, la mer dans son immensité, dans sa mystérieuse profondeur, dans ses jours de calme où elle semble refléter la paix du ciel, dans ses jours de colère où on peut la croire prête à tout engloutir.

Mais ce n'était pas seulement une admiration poétique, un sentiment de religieux respect pour l'œuvre divine qui se dégageaient de cette contemplation. L'esprit pratique du jeune homme avait, dès le premier coup d'œil jeté sur les flots, entrevu que si on parvenait à utiliser le mouvement incessant des vagues, on mettrait au service de l'homme une force jusque-là perdue.

De cette conviction naquit l'idée et le plan d'une machine fort ingénieusement combinée.

Dès ce début, on put juger de l'avenir réservé au précoce inventeur.

Pendant son séjour à Montpellier, Philippe fut conduit par son amour pour la mécanique, à s'occuper d'anatomie. De là à l'étude de la médecine il n'y avait qu'un pas, et ce pas fut vite franchi par notre ardent et infatigable travailleur.

Ici, comme dans tout ce qu'il entreprenait, les progrès du jeune étudiant furent tels, que ses professeurs ne tardèrent pas à lui accorder une attention particulière.

Ainsi encouragé, Philippe prit goût à l'art d'Hippocrate, et il est à supposer qu'il y eût réussi brillamment, si une circonstance imprévue ne l'en eût tout à coup détourné.

Cette circonstance montre sous un aspect trop touchant la

Vue ancienne de Montpellier.

tendre délicatesse de cœur du jeune étudiant pour que nous la passions sous silence.

Philippe, qui chérissait sa mère, femme aussi distinguée par son esprit que par ses vertus, la vit mourir à quarante-huit ans sans que les efforts des médecins, sans que les ressources de la science pussent, non pas seulement la sauver, mais adoucir ses souffrances.

Dès lors, il prit, sinon en dégoût, du moins en pitié, un art qui, entre les mains même des plus habiles, a si peu de pouvoir.

Son esprit essentiellement précis et pratique, ne pouvait s'accommoder de cette impuissance. On ne le revit plus aux cours de la Faculté.

Si alors la chirurgie eût formé, comme elle le fait à présent, une branche à part dans l'art de guérir, peut-être notre jeune mécanicien, pressentant la révolution heureuse qui ne devait plus tarder à se produire en chirurgie, eût-il appliqué sa puissance créatrice à contribuer à cette révolution et à en avancer le moment.

Mais en ce cas, la filature du lin n'eût peut-être pas rencontré à l'heure voulue, son créateur en France ?

Nulle part plus que dans la vie des savants et des inventeurs, n'éclate la vérité des paroles célèbres de notre grand orateur sacré : « L'homme s'agite, Dieu le mène. »

Mais revenons au moment de la mort de Mme de Girard, et avec la plume, — peut-être serait-il plus exact de dire avec le pinceau de M. de Triquetti, — apprenons à nos lecteurs comment meurent les femmes chrétiennes.

Se sentant mourir au milieu de la vie, Mme de Girard rassembla ses enfants autour de son lit, et, avant de leur donner une dernière bénédiction, elle leur dit :

« J'aime à vous voir tous en ce moment suprême groupés auprès de mon lit de douleur. Je vois approcher la mort avec tranquillité ; je ne l'ai jamais redoutée : je sais que Dieu est bon.... Mes dernières paroles, mes enfants, seront pour vous recommander d'environner votre grand-père de toute la sollicitude réclamée par son grand âge. Déjà les infirmités se sont emparées de lui; il aura les exigences, les incommodités de la vieillesse. Vous n'oublierez jamais à son égard l'honneur, le respect que les enfants doivent à leurs parents. C'est par une semblable vénération que les familles méritent de vivre. Je me suis efforcée de pratiquer ce respect, et je vous cite mon exemple, non que je veuille m'offrir comme modèle; mais je vais mourir, mes recommandations prennent le caractère que Dieu leur donne, en me permettant de vous les adresser. »

Heureux ceux qui, parmi nous, pourront à leur tour répéter d'aussi nobles paroles et dire aux témoins de leurs derniers moments : je ne crains pas la mort, parce que je sais que Dieu est bon! Respectez vos parents comme j'ai respecté les miens!

IV

Le temps et l'attention qu'il n'avait plus à donner à l'étude de la médecine, Philippe de Girard les reporta sur celle de la chimie.

On conçoit quel attrait offrit à l'esprit observateur de Philippe de Girard cette science, qui ne faisait pour ainsi dire que naître, mais qui avait pour maîtres et propagateurs des hommes tels que les Cavendish, les Priesley, les Scheele, les Bergmann, les Lavoisier, les Bertholet, les Fourcroy, les Chaptal, les Vauquelin, et une foule d'autres non moins célèbres.

Il eut vite compris l'utilité qu'il pouvait tirer de cette étude

VAUQUELIN

au point de vue de ses travaux en physique et en mécanique. Dès lors, les cours du laboratoire de Montpellier n'eurent pas d'auditeur plus assidu.

Ces travaux divers n'empêchaient pas Philippe de se livrer, toujours à titre de récréation, à son goût pour les arts.

Une année, il imagina de s'essayer dans la sculpture, et ses progrès dans cet art difficile furent si rapides que la première statue qu'il exécuta fut attribuée au professeur chez qui il travaillait.

Lorsque les vacances le ramenèrent cette année même à Lourmarin, il fut en état de bien modeler le buste de son père.

Il mena cette vie studieuse jusqu'au moment où la Révolution éclata. La France, attaquée de toutes parts, eut alors besoin des bras de tous ses enfants.

Philippe n'attendit pas d'être appelé. Dans sa maison, le courage avait toujours été une vertu héréditaire ; il le savait et se fit soldat.

Il entrait, en ce moment, dans sa dix-huitième année.

Bientôt après, il se vit, ainsi que ses frères, contraint de quitter la France. Ils allèrent d'abord à Mahon, et là, forcés de demander au travail le pain de chaque jour, ils purent se rendre compte combien il est important, dans tous les rangs de la société, de donner aux jeunes gens une éducation pratique et en même temps le goût des occupations sérieuses (1).

Philippe utilisa ses talents en peinture. Il dessinait des vues de l'île, faisait des portraits, et la réputation qu'il s'acquit semblait lui réserver une brillante carrière dans les beaux arts.

Pendant ce temps, ses deux frères, Joseph et Frédéric, mettaient, de leur côté, leurs études à profit.

(1) A cette époque, une éducation pratique était très rare dans les familles nobles ; aussi les trois frères ne cessèrent-ils jamais de bénir leur père, dont les soins éclairés les avaient mis en état de se suffire à eux-mêmes.

Leurs connaissances en botanique leur permirent d'établir un petit commerce d'herboristerie et même de rendre un grand service aux habitants du pays.

La fièvre désolait Mahon; ils découvrirent dans les montagnes des plantes fébrifuges dont les pharmaciens de l'ile ignoraient les vertus, et ils en répandirent le bienfaisant usage.

Les ressources que les trois frères se procuraient ainsi étaient des plus précaires; il arriva que, pendant une période plus ou moins prolongée, elles leur manquèrent presque complètement.

Cette « lutte pour la vie, » comme on dit de nos jours, eût découragé des âmes moins fortement trempées que les leurs.

Ils ne faiblirent point; la jeunesse et l'espérance les soutenaient, et ils n'eussent pas songé à changer d'asile, si cette nostalgie si légitime, qui suit partout l'exilé, ne leur eût persuadé qu'en se rapprochant de la patrie, ils souffriraient moins d'en être exclus.

Ils s'embarquèrent pour l'Italie et s'installèrent à Livourne.

Dans ce centre industrieux et commercial Philippe ne pouvait manquer de trouver un champ d'action plus étendu. Cette fois ce fut à la chimie qu'il demanda des moyens d'existence.

Avec le concours de ses frères, il entreprit la fabrication des savons. Le succès qu'il obtint dans cette opération décida de sa carrière, qui désormais fut vouée aux applications de la science à l'industrie.

Et comme tout ce qu'il devait tenter ou réaliser dans cette voie, le premier pas qu'il y fit fut marqué par une amélioration, une innovation heureuse et incontestable dans les procédés employés jusqu'alors. Le brevet qu'il prit pour ses savons, constate en effet, l'emploi jusqu'alors nouveau de la vapeur pour la fabrication en grand de ce produit.

On comprend que les nouvelles occupations de Philippe de Girard ne lui laissaient plus le temps de se livrer à son goût pour les arts.

Il en devait être ainsi, du reste, dans toute la suite de son existence. Mais ce qu'il ne pouvait plus pratiquer personnellement ne le laissa jamais froid et indifférent. Il aimait les artistes, les attirait chez lui, les encourageait et dans son désir de leur être utile les aidait de toutes manières.

C'est ainsi qu'il construisit une machine pour la réduction des statues et une autre pour la gravure des pierres dures.

Les succès des frères de Girard à Livourne, bien qu'aussi rénumérateurs qu'honorables, ne leur faisaient point oublier cette belle Provence où ils étaient nés, et où leur vieux père demandait chaque jour à Dieu de ne le point rappeler à lui, avant de les avoir revus et bénis.

Aussitôt qu'un peu de calme leur fit espérer que le retour de l'un d'entre eux au moins pouvait s'effectuer sans éveiller l'attention de l'autorité française, Philippe, laissant ses frères à Livourne, se hasarda à enfreindre la loi non rapportée encore qui vouait à la peine de mort tout émigré arrêté sur le territoire français.

Il débarqua à Marseille et y fonda une fabrique de produits chimiques.

Il espérait avoir trouvé enfin le moyen de travailler en paix dans sa patrie et d'y poursuivre cette vie laborieuse commencée si jeune! Il se trompait, une circonstance qui n'a jamais été bien expliquée, la délation peut-être d'un rival jaloux de la supériorité de ses produits, ou comptant profiter de ses dépouilles, attira l'attention sur lui. Menacé dans sa fortune, dans sa liberté, dans sa vie, Philippe dut tout abandonner et fuir encore une fois.

Il se réfugia à Nice, où, avec moins de profit mais non moins de succès en tant que procédés et découvertes qu'à Livourne et à Marseille, il reprit ses travaux.

V

La radiation de la liste des émigrés, en 1802, permit enfin à Philippe de Girard de revoir la France.

Il revint à Marseille et y ouvrit un cours de chimie.

Pendant les rapides années qui venaient de s'écouler, cette science avait marché à pas de géant.

Toutefois les progrès qu'elle avait faits malgré les préoccupations et les troubles du moment étaient restés enfermés pour la plupart dans le secret des laboratoires.

A l'exception de ce qui avait trait au service sanitaire des armées et aux munitions de guerre, le gouvernement s'était en effet désintéressé de tout ce qui touchait aux sciences.

Mais à peine le Consulat eut-il ramené un peu de calme dans le pays, un peu de confiance dans les esprits, qu'on vit se produire un fait étrange et au premier abord inexplicable.

On eût dit qu'il n'y avait jamais eu de suspension dans l'enseignement scientifique, et le goût, l'enthousiasme même pour cet enseignement reprit son cours, absolument comme s'il n'eût jamais été interrompu.

Philippe de Girard, auquel ses succès à Marseille avaient donné ce qui lui manquait peut-être encore — une pleine confiance en ses forces — comprit qu'il pouvait se faire une place dans le grand mouvement de l'esprit humain qui accompagnait les débuts de notre siècle et dont Paris était le centre.

Il renonça à l'enseignement, quitta Marseille et décidé à aborder cette fois résolument et de plein pied la carrière où depuis son enfance l'appelait une vocation singulière, il vint à Paris où l'accompagna son frère Frédéric, comme lui animé du feu sacré de l'invention.

Nous avons déjà dit que les frères de Philippe étaient ainsi que lui doués d'une haute intelligence. Mais ce que nous n'avons pas eu occasion d'ajouter et ce que nous tenons à faire ressortir comme renfermant un rare et magnifique exemple, c'est que lorsque la grande lumière répandue par Philippe eut placé ses frères dans l'ombre, ils réunirent sans aucun sentiment de jalousie et avec une affection fraternelle qu'on ne saurait trop louer, tous leurs efforts pour l'aider dans ses recherches et le soutenir dans ses épreuves.

« Famille vraiment noble et digne! unie dans les jours heureux, plus unie encore dans l'infortune la moins méritée. »

VI

Une notoriété inattendue fut donnée aux progrès de la science et de l'industrie en France.

Nous voulons parler de l'exposition de 1806. Philippe et Frédéric de Girard y trouvèrent l'occasion qui leur avait manqué jusque-là de se faire connaître.

Ils y firent admettre plusieurs de leurs inventions : une lunette d'approche d'une construction ingénieuse et nouvelle, des tôles ouvrées et décorées par des procédés tout nouveaux. Enfin des lampes hydrostatiques dont on parla dans toute la France.

Ce qui fut surtout remarqué et admiré et dont on n'avait jusqu'alors eu aucune idée, c'est qu'ils entourèrent la flamme de ces lampes d'un globe en cristal dépoli, laissant passer une douce lumière.

On a peine à comprendre que ces globes, depuis si longtemps passés dans l'usage journalier de l'éclairage, n'eussent pas été imaginées plus tôt, tant ils semblent simples et pratiques.

Et cependant des juges compétents en la matière prétendent que leur invention fut un des traits caractéristiques du génie de Philippe de Girard.

Jusque-là, en effet, nul n'eût pensé qu'on pût impunément soumettre à une chaleur sèche et continue une substance aussi fragile et sensible à la chaleur que le verre.

Ces appareils d'éclairage constituaient un premier pas, un pas immense vers les grands perfectionnements obtenus de nos jours et qui permettent aux plus pauvres ouvrières de travailler le soir à l'aide d'une lumière suffisamment abondante et surtout parfaitement égale.

Pour qui a pu voir, dans quelque village arriéré, des échantillons de ces lampes fumeuses, à clarté trouble, vacillante qui, à l'époque où parut la lampe hydrostatique des frères de Girard, constituaient l'éclairage malsain non seulement des habitants des campagnes mais de ceux des villes, et cela chez les pauvres gens ainsi que dans la majeure partie des familles aisées, nous n'avons pas besoin d'insister sur l'importance de cette invention.

Les chandelles qui remplaçaient les lampes fumeuses dans les maisons riches où l'emploi des bougies, objet de grand luxe, n'avait lieu qu'aux jours de réception, n'étaient guère plus éclairantes ni moins nauséabondes (1).

Dans certain pays il est vrai, où étaient répandues des industries féminines, réclamant une attention soutenue, les femmes avaient imaginé un moyen de régulariser et d'augmenter la lumière de la lampe de ménage ou de la

(1) Quand on pense qu'à la fin du règne de Louis XIV, on se servait encore à la cour, sauf dans de grandes circonstances, des chandelles de suif, on se demande comment a pu se perfectionner si vite l'art de l'éclairage.

chandelle : elles plaçaient devant celles-ci une boule de verre très transparent qu'elles remplissaient d'eau (1).

Si nous mentionnons cet usage populaire dans cette étude avec laquelle il n'a rien de commun, c'est qu'il nous semble possible que Philippe de Girard en ait eu connaissance et y ait puisé la première idée de son invention.

Qu'on nous permette de faire remarquer à ce sujet l'influence considérable que les pratiques les plus simples, les plus vulgaires, exercent parfois sur l'esprit et, par suite, sur les recherches et les découvertes des savants.

Qui n'a entendu parler de ce physicien célèbre (son nom nous échappe; mais la plupart de nos lecteurs suppléeront à notre manque de mémoire) qui, voyant entrer un jour dans son cabinet la brave et digne, mais simple et ignorante paysanne qui le servait, l'interpella avec humeur.

— Ne vous ai-je pas priée cent fois de ne pas venir me déranger quand je travaille.

— Ah! si monsieur ne se fâchait pas, je ne le dérangerais point : j'aurai sitôt pris ce que je viens chercher.

— Eh! sapristi! que pouvez-vous avoir à chercher ici.

— Un peu de braise, répond la bonne femme en s'agenouillant devant le foyer. Mon feu s'est éteint et, à battre le briquet, on n'en finit pas.

— C'est cela, grommelle le savant; vous allez m'emporter ma pelle et si quelque tison roule.....

— Oh! que non pas, Monsieur, je ne prendrai point votre pelle.

— Ma pincette alors?

— Pas davantage.

— Vous avez donc apporté de la cuisine.....

— Je n'ai apporté que mes mains, Monsieur.

(1) Nous avons encore vu de ces boules employées par les dentellières des environs du Puy (Haute-Loire) aux veillées d'hiver. Les verreries de Rive-de-Gier avaient et ont encore croyons-nous, le monopole de la fabrication de ces boules.

Notre savant intrigué prit, afin de cacher sa curiosité, le parti de rire.

— Je voudrais bien voir, dit-il, comment vous vous y prendrez pour emporter du feu dans la main sans vous brûler.

— Monsieur ne me fera pas croire qu'un grand savant comme lui, pût être embarrassé pour si peu.

— Pour si peu!... enfin voyons.

Et la paysanne après avoir tassé une couche de cendre dans le creux de sa main gauche, y plaça par un mouvement rapide du pouce et de l'index de la main droite, préalablement imbibés de salive, deux ou trois morceaux de braise; après quoi elle traversa triomphalement la pièce. Arrivée à la porte, elle se retourna et dit d'un ton passablement narquois :

— Ça n'est pas plus difficile que cela.

Le savant oublia de reprendre l'étude du problème dont l'interruption l'avait si fort mécontenté.

Un problème d'un ordre plus élevé s'imposait à son esprit : mise en présence d'une difficulté à tourner, cette femme sans lettres et même un peu simple d'esprit avait trouvé une solution que lui, accoutumé à sonder les arcanes de la science, n'eût certes pas trouvée.

Le reste de la journée il resta plongé dans cet ordre d'idée et c'est lui qui l'a conté, — car il voulut consigner le fait dans un des mémoires qu'il envoya peu après à l'Académie des sciences, — il trouva dans cette méditation plus d'un précieux enseignement.

.... Mais que nous voilà loin de Philippe de Girard et de l'exposition des produits de l'industrie qui, en 1806, mit en lumière son génie inventif.

VII

Un grand problème occupait alors le monde industriel et savant : « *Les machines à feu*, nommées depuis avec plus de justesse, *machines à vapeur*, étaient créées, mais cette invention, après avoir donné lieu à de nombreux et intéressants essais, n'avait encore rien produit de sérieux. »

La découverte de la force expansive de la vapeur et l'idée de l'application de cette force ne remonte pas au delà de la fin du XVIe siècle.

Salomon de Caus, qui le premier s'occupa de cette question destinée à révolutionner le monde à tant de points de vue, était né dans le pays de *Caux* (Normandie) d'où lui vint son nom.

De sa famille, de son éducation, de sa jeunesse, on ne sait rien et on ne s'est pas préoccupé d'en rien savoir : son génie, ses travaux, sa fin malheureuse ont suffi à lui constituer une personnalité assez glorieuse et intéressante pour que l'on n'ait pas eu besoin d'en demander plus.

A l'exemple des artistes encyclopédistes de la Renaissance, il voulut, disent ses biographes, posséder toute la somme possible du savoir humain.

Il apprit les langues anciennes ; il étudia l'art des ingénieurs, des architectes, des géomètres et partout il apporta des aperçus neufs et des améliorations ingénieuses.

Tout ce qui touchait aux sciences l'attirait, le captivait, mais non pas d'une façon égale. La mécanique avait pour lui un attrait particulier.

L'Italie séduisit d'abord son humeur aventureuse, puis, de

retour en Normandie, il passa en Angleterre où il trouva, dans une certaine mesure, la renommée et la fortune.

Le prince de Galles, fils du roi Jacques II, l'attacha à sa maison et le chargea de donner des leçons à la princesse Élisabeth sa fille. Et bientôt « pour satisfaire à leur gentille curiosité qui demandait toujours quelque chose de nouveau, » il s'occupa d'orner les jardins de Richemond. Grâce à son génie et à son activité, tont le personnel de l'Olympe prit peu à peu place dans cette résidence qui dès lors devint célèbre en Europe.

Les divinités mythologiques y étaient figurées dans les principaux épisodes que leur attribue la légende grecque et romaine.

Sur ces entrefaites, la princesse Élisabeth ayant épousé (1613) le duc de Bavière, Frédéric V, Salomon de Caus la suivit et fut attaché à la petite cour palatine en qualité d'ingénieur et d'architecte.

Cette charge ne fut pas une sinécure pour l'habile savant. Frédéric V avait ce qu'on nomme vulgairement de nos jours « la manie du marbre et de la pierre » et Élisabeth n'aimait rien tant que les œuvres d'art.

Ce fut au cours des travaux qui firent de la résidence de Heidelberg un second Richemond que Salomon de Caus trouva le temps de publier « l'ouvrage qui devait immortaliser son nom et le placer parmi les plus grands inventeurs modernes : *Les raisons des forces mouvantes avec diverses machines tant utiles que plaisantes* (1615). »

« L'auteur, en commençant, annonce qu'il veut donner la définition de chacun des quatre éléments, parce que tous les effets des machines sont causés par leur moyen. Il continue ainsi : « Quant au feu élémentaire, il y a aucunes machines » en ce livre, lesquelles ont mouvement par le moyen d'icelui, » comme l'élévation des eaux dormantes, et d'autres machines » suivant icelles sont démontrées par ci-devant. »

DENIS PAPIN

» Vient enfin la description détaillée d'un appareil rempli d'eau bouillante qui prouve que de Caus savait que la vapeur d'eau condensée donne un volume précisément égal à celui qui a produit cette vapeur, et, de plus, que la pression de la vapeur formée est assez forte pour faire jaillir l'eau non encore vaporisée.

» C'est sur ces faits que s'est appuyé François Arago pour signaler Salomon de Caus à la reconnaissance de la France

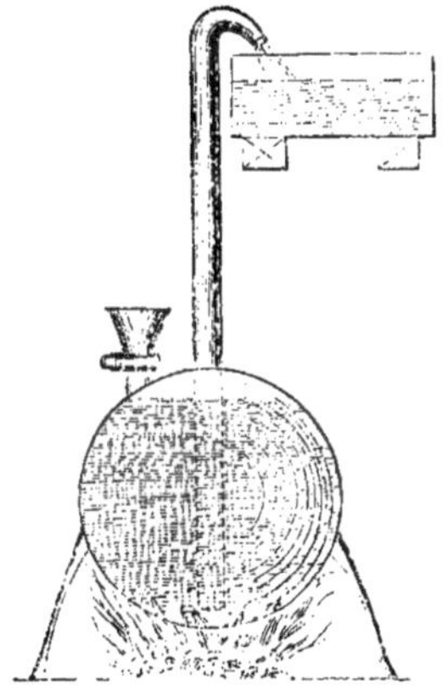

Appareil de Salomon de Caus.

comme étant l'inventeur « d'une véritable machine à vapeur, propre à opérer des épuisements. »

» Il reste donc certain, incontestable, qu'il a imaginé le premier d'employer la vapeur dans une machine hydraulique.

» Mais de l'invention à l'application que de temps à traverser, que de degrés à parcourir! Il faut que Papin combine dans une machine à vapeur et à piston la précipitation de cette vapeur par le froid ; il faut que Newcommen améliore le procédé de condensation et qu'il construise des machines à vapeur ; il faut que le célèbre James Watt amène ces machines au point d'avancement où la mécanique moderne les a trouvées pour les perfectionner. »

Au moment où l'attention de Philippe de Girard fut appelée — comme celle de tous les savants et inventeurs de l'Europe —

JAMES WATT

sur les machines à feu, non seulement James Watt avait achevé son œuvre personnelle, mais des essais sérieux d'application de son système à la navigation et à la locomotion sur terre avaient été faits et il semblait acquis que cette double application était possible, sans toutefois qu'aucun des inventeurs pût se vanter d'être sérieusement entré dans la pratique.

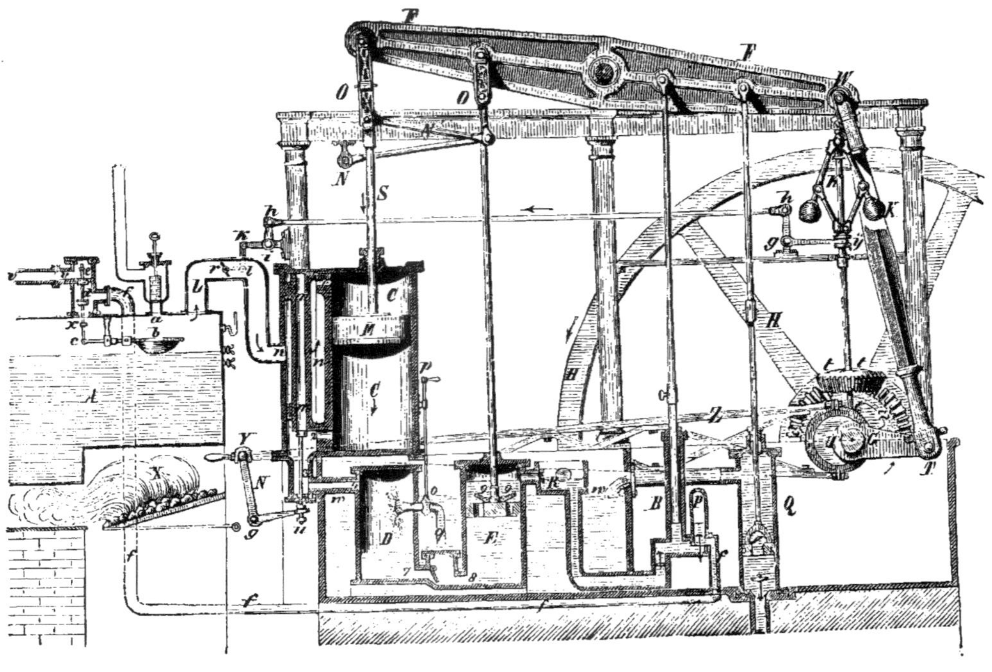

Machine de Watt.

Le marquis de Jouffroy d'abord et simultanément avec lui Robert Fulton, le premier en France, le second en Amérique, avaient construits des machines ingénieuses, que de légères modifications pouvaient rendre parfaitement utilisables; mais les préjugés et l'esprit de routine eurent le dessus et la naviga-

Le bateau de Fulton.

gation à vapeur fut repoussée. En Europe du moins, car, de l'autre côté de l'Atlantique, Fulton parvint à faire accepter son système et à lui donner un commencement d'exécution.

Sauvage devait reprendre en France l'œuvre du marquis de Jouffroy, mais sans y réussir plus que lui.

Décidément l'idée née en France ne devait pas trouver

dans sa patrie primitive son point d'appui et son développement.

Que d'inventions et découvertes pour lesquelles il en a été ainsi !...

L'application de la vapeur à la locomotion sur terre ne faisait pas plus de progrès chez nous que la précédente.

Lorsqu'en 1786, Ewans (1), qui le premier s'occupa sérieusement de cette application à la locomotion des voitures, « demanda un brevet d'invention destiné à consacrer la priorité d'un appareil construit à cet effet, on lui répondit que sa tentative ne pouvait avoir aucun résultat pratique et on lui refusa le brevet.

» Ewans ne se découragea pas, mais il lui fallut neuf ans de démarches, de luttes, avant d'arracher à la législature du Maryland, ce brevet dont les termes étaient tempérés par une observation qui en atténuait la valeur et avait évidemment pour but de dégager les responsabilités de ceux qui consentaient à le lui délivrer : « En tout cela, disaient-ils, nous ne » voyons rien qui puisse nuire à personne. »

L'opinion publique était partout, en Europe aussi bien qu'en Amérique, défavorable à l'invention et à l'inventeur. Il fallait, affirmait-on, être frappé d'insanité mentale pour rêver une voiture roulant sans la traction de chevaux ou autres animaux vivants.

Ewans crut qu'en envoyant ses plans en Angleterre et en France, il forcerait l'attention des corps savants et des chefs d'État.

(1) Olivier Ewans, né aux environs de Philadelphie en 1755, fit preuve, dès son enfance, d'une singulière aptitude pour les arts mécaniques. Placé comme apprenti chez un charron, il construisit deux appareils ingénieux, pour la fabrication des cardes à coton.

Un peu plus tard, on le voit introduire un grand perfectionnement dans la mouture des graines.

Mais, dès lors, et en apportant ces notables améliorations dans des systèmes déjà adoptés en mécanique, Ewans poursuivait une idée géniale que la connaissance des découvertes de Salomon de Caus avait fait naître dans son esprit : la force motrice de la vapeur appliquée à la locomotion.

Il se trompait; l'indifférence la plus absolue accueillit ses communications.

Tout ceci le conduisit jusqu'en 1801, époque à laquelle il se décida à construire à ses propres frais une voiture à vapeur.

Son entreprise réussit, mais toutefois sans pouvoir donner de résultats pratiques. Le fait de la locomotion en lui-même était obtenu, mais une difficulté, en apparence insurmontable, se présentait. Il ne semblait à l'inventeur lui-même pas possible d'utiliser cette locomotion sur les routes ordinaires. Ce problème qui n'en est plus un de nos jours ne devait pas tarder à imposer sa solution à tous ceux qui s'occupaient de mécanique.

L'insuccès même d'Ewans au point de vue du but spécial qu'il poursuivait, le conduisit ainsi qu'il arrive souvent, à un perfectionnement inattendu et qui devait être décisif pour l'adoption et le progrès de la vapeur en tant que force motrice.

Nous voulons parler de l'invention des machines à haute pression.

Cette invention, en modifiant l'opinion du monde savant sur l'état mental et le génie réel d'Ewans, produisit en France un effet heureux.

Les *machines à feu*, jusque-là assez peu prisées du public et encore moins encouragées par qui de droit, devinrent à la mode.

On s'aperçut enfin que l'on avait sous la main un élément de force trop longtemps négligé et en étudiant de près « la complication nécessaire en l'état de la question de ces machines on reconnut que cet art nouveau en était encore au berceau. En effet, les dangers que présentaient leur emploi, l'extrême imperfection qui se révélait dans leur exécution ; le manque d'expérience des constructeurs qui, par leurs tâtonnements, leurs hésitations, doublaient et parfois même décuplaient les dépenses nécessaires à les mettre en état de fonctionner, tous ces inconvénients devaient être, étaient évidemment remédiables.

C'était un nouveau champ d'action ouvert aux ingénieurs et aux mécaniciens.

La *Société pour l'encouragement de l'industrie* qu'avait récemment fondée un des hommes les plus remarquables de notre siècle au point de vue du progrés de l'industrie, l'illustre Chaptal, prit l'initiative de ce mouvement.

Elle proposa un prix de 6,000 francs au constructeur qui présenterait une *machine à feu* établie dans des conditions de perfectionnement déterminées.

Ce concours fut clos au commencement de 1809 et la médaille d'or fut décernée à MM. de Girard dont le nom et la réputation prirent dès lors une notoriété universelle.

VIII

Tous ces services rendus à l'industrie, quelque importants qu'ils paraissent et qu'ils fussent en réalité, n'étaient cependant que le prélude d'une découverte bien autrement importante pour notre richesse nationale : l'art de filer mécaniquement le lin et le chanvre, art auquel restera attaché le nom de Philippe de Girard, aussi longtemps qu'une filature fonctionnera non seulement en France mais dans le monde.

Avant d'aborder cette importante question à l'occasion de laquelle les travaux de Philippe se séparent entièrement de ceux de ses frères, jetons un coup d'œil sur les droits qu'ont ceux-ci au titre d'inventeurs.

« Frédéric trouva le moyen de fabriquer du papier avec de

CHAPTAL

la paille et diverses autres substances végétales, invention précieuse si l'on considère l'extension que prenait déjà l'emploi du papier et qu'il a surtout prise depuis. Il employa le premier dans le Midi de la France la vapeur pour faire mouvoir les moulins à blé. Il découvrit des procédés pour la conservation des produits alimentaires, d'autant plus avantageux alors que l'interruption des communications avec l'étranger et les difficultés de rapports avec nos propres colonies, rendaient urgent de suppléer aux ressources que nous avions coutume de demander au dehors. Il créa la garancerie en Provence et apporta des améliorations notables à presque toutes les industries de ce fertile et riche pays. »

Et maintenant si on nous demande quels avantages les frères de Girard retirèrent de tous ces travaux, de tous ces services rendus au pays, nous répondrons :

— Une suite continue de déceptions, de pertes d'argent; des injustices et des ennuis de toute espèce.

Tel était alors et tel est encore aujourd'hui, croyons-nous, le sort de la plupart des inventeurs.

« Un de leurs ouvriers contrefit, malgré leur brevet, les globes de cristal dépoli. Poursuivi pour ce méfait, il alla se réfugier en Belgique, y continua en grand sa contrefaçon et mourut riche de plusieurs millions.

» Un de leurs manipulateurs s'empara des procédés propres à conserver les aliments, et grâce à cet abus de confiance, fit une fortune rapide.

» Enfin les trois perfectionnements qu'ils apportèrent aux machines à vapeur firent, douze ou quinze ans plus tard, la réputation de l'ingénieur américain et des ingénieurs anglais Mandsley et Mastermann.

» Et ainsi les frères de Girard n'augmentèrent point leur fortune patrimoniale, laquelle avait été très considérable, mais que la révolution française avait fort amoindrie.

» Néanmoins, en 1810, un relevé fait par M. de Girard père

établit que cette fortune s'élevait encore à 700,000 francs, somme bien autrement considérable alors qu'elle ne l'est aujourd'hui.

» Ses enfants pouvaient donc vivre honorablement et heureux. S'ils travaillaient, c'était par amour du travail, par la louable ambition de se rendre utiles et non par avidité du gain. »

IX

Au printemps de l'année 1810, toute la famille était réunie à Lourmarin dans la demeure paternelle.

Un matin tous étaient assis à la table du déjeuner, quand arriva le journal, *le Moniteur du* 12 *mai.*

Le vénérable chef de cette maison patriarcale rompt la bande, jette un coup d'œil sur la première page et ne peut maîtriser un mouvement de surprise, mêlée de joie.

— Tiens, cela te regarde, dit-il à Philippe en lui tendant le journal.

Philippe, alors âgé de trente-cinq ans, prend le journal et à l'endroit que lui désigne le doigt de son père il lit le texte d'un décret de l'empereur promettant « un million à l'inven- » teur, de quelle nation qu'il pût être, d'une machine à filer » le lin. »

— Cela me regarde, murmure le jeune inventeur déjà pensif.

Et avec une confiance qui sembla à tous les assistants résulter d'un de ces pressentiments que Dieu envoie, plus souvent qu'on ne le croit, aux pères de famille, soucieux de l'avenir de leurs enfants :

— Oui, répéta M. de Girard, cela vous regarde.

Philippe sourit et hocha doucement la tête.

Il savait que jusqu'alors la filature du lin à la mécanique

Lin.

était réputée impraticable. Il savait que les essais faits dans cet ordre de faits industriels, par des ingénieurs et mécaniciens du plus haut mérite n'avaient servi qu'à prouver l'impuissance de la mécanique à suppléer la main légère et habile des fileuses. Et il se demandait s'il n'y aurait pas présomption de sa part à s'aventurer sur un terrain resté jusque-là inexploré.

Pendant le reste du déjeuner, il demeura silencieux, absorbé dans ses pensées, combattu sans doute entre la conviction où il était que la tâche était au-dessus de la puissance des moyens mécaniques tels qu'ils existaient à cette époque et la parole de son père : « Cela te regarde. »

Enfin on se leva de table. Le fils respectueux et obéissant alla à son père et lui dit ces simples mots :

— Mon père, j'essaierai!

Dès le jour même l'infatigable chercheur se mettait à l'œuvre.

« Mais au lieu de s'appliquer, comme ses devanciers, à employer pour le lin les procédés mécaniques qui servaient à la filature du coton, c'est dans le filage à la main qu'il chercha le moyen de filer à la machine.

» Il prit du lin, le fit tremper dans l'eau, l'analysa à la loupe, se rendit bien compte de la structure de ses fibres et de la matière qui les relie ensemble. Il vit que lorsque cette espèce de gomme est amollie par l'eau et la pression des doigts, ces fibres, d'une ténuité microscopique, glissaient longitudinalement les unes le long des autres et formaient alors, sous la torsion que les doigts leur imprimaient, un fil à la fois fin et fort, qui pouvait atteindre une longueur presque illimitée.

» Il étudia ensuite les moyens de produire avec une machine cette opération délicate que la main de la fileuse opérait si aisément et sans se douter des difficultés qu'elle pouvait présenter.

» Après une journée et une nuit passées dans les expériences que nous venons de décrire et dans les réflexions auxquelles cette analyse donna lieu, il descendit le lendemain à l'heure du déjeuner, et, embrassant son père avec l'affec-

Mon père, j'essaierai!

tueux respect dont ni lui, ni ses frères ne se départissaient jamais, il lui dit tranquillement :

» — Mon père, le million est à nous!

Et montrant à toute la famille groupée, attentive, anxieuse autour de lui, quelques brins de lin qu'il tordait entre ses doigts, il ajouta :

» — Il reste à faire avec une machine, ce que je fais avec les doigts. Or, la machine est trouvée!

» La machine était trouvée, en effet, et elle ne devait pas tarder à fonctionner. »

Nous n'avons pas à faire ici l'émouvante et curieuse histoire de cette grande invention, résultat d'une seule nuit de veille.

Nous nous bornerons à dire que l'on évalue les richesses déjà acquises à la France par cette nuit de travail, à des milliards. Chaque année grossit cette somme.

L'Europe entière, à notre exemple, a puisé dans cette œuvre de génie d'immenses revenus.

Mais qu'a-t-elle apporté à son glorieux auteur? De douloureuses déceptions, de tristes péripéties.

Cette nuit, qui eût dû marquer une ère nouvelle dans la vie de Philippe de Girard, une ère de prospérité et d'honneurs, fut cause de sa ruine.

Tous les calculs, toutes les combinaisons que, pendant ces heures rapides, Philippe avait établis, étaient d'une parfaite justesse. Tous se réalisèrent, un seul excepté.

Philippe de Girard avait dit à son père : « Le million est à nous! » Le million ne fut jamais ni à lui, ni aux siens!

Il donna à l'empereur ce que l'empereur avait demandé, et ne reçut jamais ce que l'empereur avait promis.

La funeste campagne de Russie d'abord, l'écroulement de l'Empire bientôt après, tournèrent d'un autre côté que vers celui de l'extension de notre fortune manufacturière, les pensées du chef de l'État. Et ses ministres, de leur côté, avaient de trop sérieuses préoccupations pour se souvenir du décret de 1810 et des suites qu'il avait eues.

Et que d'autres promesses du même genre ne furent jamais tenues : encouragements offerts aux efforts de l'initiative privée, engagements pris pour des fournitures à faire à date fixe, non paiement même de fournitures livrées, suites ou conséquences terribles des effondrements, tels que celui de 1813-1814, semèrent la ruine sur tous les points de la France et eurent pour résultat définitif de déplacer la fortune publique.

Ce déplacement de fortune a peut-être contribué plus qu'aucune autre cause au progrès parmi nous du principe démocratique.

Il a fait tant de places libres, que beaucoup d'hommes intelligents et laborieux ont pu se créer honorablement dans l'industrie et les affaires, une place à laquelle ils n'eussent même pas pensé à prétendre, si les créateurs de l'industrie contemporaine, ces vaillants pionniers qui avaient tout donné, leur temps, leur intelligence, leur avoir, à ce grand mouvement du travail, eussent conservé et légué à leurs enfants la situation qu'ils étaient en voie d'acquérir.

Oh! oui, je ne crains pas de le répéter : « L'homme s'agite, Dieu le mène. »

Nous n'épargnons ni peines, ni sacrifices : nous croyons travailler pour nous.

L'heure du succès, du triomphe arrivé, nous croyons n'avoir qu'à étendre la main pour les saisir, et voici qu'entre nous et le but poursuivi un abîme se creuse.

Notre travail, notre œuvre restent; mais ce n'est pas pour notre profit à nous, mais pour celui d'étrangers, d'inconnus.

Heureux lorsque l'œuvre, le travail ont été assez importants pour que ce ne soit pas seulement des individus qui en recueillent les fruits, mais pour que ces fruits soient profitables à la patrie, à l'humanité.

Tel a été le cas de la famille de Girard, « dont la fortune

apportée tout entière à Philippe avec une noble confiance pour l'aider à établir et à faire fonctionner en grand ses machines, fut absorbée et disparut sans retour. »

Si près d'atteindre la fortune, pouvant y compter sans présomption, n'ayant, ce semblait, qu'à donner un reçu pour toucher un million, il se vit réduit aux plus cruelles angoisses : des charges auxquelles il ne pouvait plus faire face ; des ouvriers réduits à souffrir de la faim et auxquels il ne pouvait plus donner du travail; sa propre famille réduite à une gêne voisine de la pauvreté par suite de sa généreuse confiance en lui.... Et enfin, couronnant le tout, la prison pour dettes s'emparant de lui et le forçant à l'inaction.

Quand il recouvra sa liberté, Girard comprit que la France ne lui offrait, pour le moment du moins, aucun moyen de reprendre d'une manière profitable, le cours de ses travaux.

Pour la deuxième fois, il dut s'expatrier, et il faut savoir ce que c'est que l'exil, si non par soi-même, du moins par une longue fréquentation de gens de cœur qui en ont subi l'épreuve, pour comprendre tout ce que contiennent ces quatre lettres : *exil.*

Qu'il nous soit permis de rappeler à ce propos, un souvenir personnel.

Vers 1840, à un fonctionnaire de l'État, dont la jeunesse s'était passée à l'étranger où, en 1791, et âgé de trois ans, il avait été emmené par sa famille, on proposa de passer en Algérie, où l'on organisait alors le service administratif auquel il appartenait.

L'Algérie n'était pas alors comme aujourd'hui « la France, » elle n'en était qu'une colonie où régnait, il est vrai, notre autorité, mais où, à part l'armée, l'élément européen était espagnol et italien bien plus que français. Ce n'était plus la patrie, tel que l'homme au cœur chaud, au patriotisme ardent la comprenait. S'il se fût agi d'aller y verser son sang, bien que père de famille, il y eût couru avec enthousiasme. Mais y vivre de la vie du simple particulier, il ne s'en sentit pas le courage.

Il n'était pas riche cependant; il avait des enfants à élever, et ses appointements eussent été doublés.

— J'ai trop souffert d'être éloigné de mon pays pour consentir à vivre de nouveau et peut-être à mourir loin de lui.

Et il resta. Et sa femme, ses enfants n'osèrent le blâmer dans leur cœur, bien que leur séjour d'Afrique n'eût pas été sans charme pour eux.

Philippe de Girard, lui, n'avait pas le choix. Il partit et se dirigea cette fois vers le Nord. La Russie entrait dans le mouvement industriel qui agitait le reste de l'Europe. Elle manquait d'ingénieurs, d'hommes pratiques capables de créer à la fois et des œuvres d'art et des ouvriers habiles.

Philippe de Girard possédait ce double don. La théorie et la pratique, en ce qui touchait aux sciences mécaniques, lui étaient également familières.

En Russie, en Pologne, il rendit des services signalés et se fit à la fois estimer et aimer.

Homme du monde, d'une irréprochable correction de langage et de manières, il conquit tout d'abord une place distinguée dans cette société slave, où ce qu'on appelle la bonne éducation est prisée à un si haut degré, et où tout ce qui vient de France et touche à la France est par cela même sympathique.

Il n'eût probablement tenu qu'à lui d'y former une alliance honorable, brillante même. Il n'y songea pas. En dehors de ses préoccupations d'inventeur et de vulgarisateur, une idée fixe qui le dominait, l'étreignait.

De longues années s'écoulèrent avant que ce désir se réalisât.

Ce ne fut, en effet, que dans le courant de 1844, après vingt-neuf ans de l'involontaire exil auquel l'avaient condamné les poursuites de ses créanciers, qu'il revit sa patrie.

Il y rapportait douze inventions nouvelles, et tandis que par ce fait il l'enrichissait encore, le gouvernement continuait son refus de lui payer le million promis par le décret de 1810.

Mais si la fortune proprement dite s'obstinait à lui dénier ses faveurs, un autre genre de récompense lui était prodigué largement : tout le monde savant, tout ce que Paris comptait de cœurs élevés, s'empressait autour de ce noble vieillard, on s'efforçait de lui faire oublier ses longues souffrances et de le consoler de l'inqualifiable persistance de l'État à refuser de lui rendre justice, en lui prodiguant des témoignages d'une estime à laquelle il avait tant de droits.

Mais usé, moins par l'âge et le travail que par les chagrins dont sa vie avait été éprouvée, il s'affaiblissait et s'éteignait de jour en jour. Un peu d'équité l'eût fait revivre; l'injustice le tua.

X

Le moment vint bientôt où ni sa famille, ni ses amis ne se firent plus d'illusion : la mort approchait.

Les souffrances physiques ne purent vaincre son courageux amour du travail, et sa dernière maladie le montra tel qu'on l'avait toujours connu : bon par excellence, résigné, plein d'indulgence et de pardon, et complètement oublieux de lui-même. Ses grandes facultés se conservèrent intactes jusqu'à la fin ; son intelligence n'éprouva ni trouble, ni affaissement.

Il s'occupa jusqu'à son dernier jour de ses inventions, surtout des plus récentes, qu'il ne cessait de compléter, de perfectionner.

C'est que Girard possédait un de ces rares génies que le

« bien » ne satisfait pas ; il leur faut le « mieux, » le parfait, en tant que la perfection peut être atteinte dans les œuvres de l'homme.

Ardent et rapide à concevoir une invention, à l'édifier tout d'une pièce dans sa pensée, il apportait dans l'exécution un soin, une patience, on pourrait presque dire une minutie, qui défiait tout oubli, toute erreur de la part de ses ouvriers.

Voyant tout, contrôlant tout par lui-même, il était deux fois, si l'on peut ainsi parler, l'auteur de ses créations.

Tous ceux qui, à quel titre que ce fût, travaillaient sous sa direction, se tenaient sans cesse sur leurs gardes, et le plus souvent se corrigeaient eux-mêmes, avant que le maître eût eu le temps de leur faire voir qu'ils étaient en faute.

Cette application constante d'une sûreté de coup d'œil qu'il était très difficile de mettre en défaut, valait à Philippe de Girard la confiance, l'estime de ses ouvriers et donnait aux travaux entrepris sous sa direction, un caractère tout particulier.

Il évitait en même temps les lenteurs qui refroidissent l'enthousiasme des travailleurs et ces retouches après coup qui, quelque habilement qu'elles soient faites, nuisent à l'ensemble d'un ouvrage et en diminuent la valeur.

Un mot fera comprendre le caractère génial que Philippe de Girard imprimait à tout ce qu'il entreprenait : il n'avait pas seulement le goût, il avait la *passion* de la mécanique, et cette passion, servie par les conceptions de son esprit essentiellement poétique et artistique, ennemi par conséquent du vulgaire et de l'à peu près, ne supportait pas la médiocrité.

Ni assez étranger aux besoins de la vie, ni assez indifférent aux avantages de la fortune pour ne travailler uniquement qu'en vue de se rendre utile et d'acquérir la célébrité, Philippe de Girard n'hésitait cependant jamais à subordonner la question de bénéfices à la question artistique.

Il produisait des chefs-d'œuvre sans se demander ce que

cela lui rapporterait. Il rétribuait généreusement ses ouvriers, leur venait en aide quand l'occasion s'en présentait, sans se préoccuper de ses intérêts personnels.

Faut-il s'étonner après cela qu'il n'ait pas su s'enrichir?

Nous avons dit qu'il travailla jusqu'à la fin. « L'avant-veille, en effet, de sa mort, il se fit asseoir sur son lit et demanda qu'on lui apportât la planche sur laquelle était tracé le dessin d'une nouvelle fabrication de canons de fusils rubannés. Malgré son extrême faiblesse, il retrouva encore une fois la sûreté de sa main et put tracer les dernières lignes du dessin et terminer ainsi sa dernière œuvre.

» Enfin, le 26 août 1845, à l'âge de soixante-dix ans, il s'éteignit avec cette tranquillité, cette paix sereine qui sont le partage du chrétien, confiant dans les promesses de Celui-là seul qui sonde les cœurs, ne trompe jamais et fait à tous justice et miséricorde.

» On comprit alors de toutes parts ce que cet homme avait valu, et François Arago écrivit : « La France vient de faire une perte immense. C'est un maréchal de l'industrie mort sur la brèche ! »

» Et les honneurs tardifs vinrent en foule s'accumuler autour de son cercueil. Tous les journaux rendirent hommage au génie qui n'était plus.

» Les savants vinrent honorer l'homme dont le nom ne devait plus périr.

» Les ouvriers vinrent se grouper autour des restes mortels de l'homme bienfaisant dont la vie s'était usée pour eux.

» Savants, industriels, ouvriers, hommes politiques, formèrent la foule nombreuse qui l'accompagna avec le plus touchant recueillement, non jusqu'au lieu définitif de son repos, car le corps fut, l'année suivante, transporté dans le tombeau de sa famille, à Lourmarin, mais jusqu'à la fosse provisoire où il fut déposé à Paris. »

Quand, l'année d'après, son corps arriva à Lourmarin, la population tout entière alla à sa rencontre et lui fit cortège. On eût dit une nombreuse famille pleurant son chef bien-aimé.

Et il en était bien un peu aimé; chacun n'avait-il pas connu la bonté, admiré le génie, pleuré les infortunes de ce doux et fier descendant de toute une lignée de bienfaiteurs du pays.

« Noblesse oblige! » dit un proverbe qui est en même temps une sage devise. Heureux les membres des anciennes races qui, comprenant dans son sens vrai et pratique, ce glorieux dicton, se préoccupent comme les frères de Girard des besoins de la société contemporaine et appliquent l'ascendant moral qui s'attache à leur nom, l'intelligence que Dieu leur a donnée, le savoir que le travail leur a acquis, à l'accroissement de l'influence et de la richesse de leur patrie. C'est là un genre de supériorité que nul ne repoussera, que le peuple ne reniera pas, et qui assurera aux honneurs rendus par les ancêtres dans le passé cette popularité respectueuse qui leur est due et que, dans certains milieux, l'esprit de parti s'efforce de détruire.

Lorsqu'eut lieu la grande exposition de 1849, Philippe de Girard n'était plus là pour revendiquer sa part d'action et de gloire.

Ses œuvres parlèrent pour lui, et le jour de la distribution des récompenses, — le 1er novembre, — on put lire dans un des principaux cartouches qui décoraient la salle, cette inscription :

FILATURE DU LIN — 1810

PHILIPPE DE GIRARD

« Et M. Charles Dupin, président du jury de l'exposition, après avoir établi en termes éloquents les titres du glorieux inventeur, revendiquait en sa faveur la récompense nationale que sa famille attend toujours ! »

MACHINE A COUDRE. — MACHINE A TEINDRE

Après avoir rappelé les inventions qui ont porté si haut à notre époque l'art précieux de mettre en œuvre la laine, la soie, les matières textiles ; après avoir glorifié avec Vaucanson, La Salle, Jacquard et Philippe de Girard les principaux de nos inventeurs dans cet ordre de faits ; après avoir démontré que, dès les premiers siècles de la Monarchie, l'art mécanique fut toujours en honneur et en incessant progrès dans notre France, nous allons, avec Édison, aborder l'historique d'un autre genre de machines, qui, en mettant en jeu l'électricité, cette force, connue dans son principe et ses effets généraux, conserve encore cependant, non seulement aux yeux du vulgaire, mais même aux yeux des savants qui l'emploient et l'asservissent, quelque chose de mystérieux, d'étonnant, et parfois d'effrayant pour l'imagination.

Mais avant de nous occuper des travaux merveilleux du grand inventeur américain, nous croyons devoir combler une lacune qui serait regrettable à plusieurs égards. Nous voulons parler des machines, dites machines à la main ou à pédales, dont les couseuses et brodeuses mécaniques constituent le type le plus en usage et le plus connu.

Aussi bien y a-t-il là, au profit de la France, une revendication à laquelle nous avons le devoir de donner la publicité de ce livre.

Le vêtement est, avec le pain, le plus impérieux des besoins de l'homme.

Il n'y a donc pas à s'étonner que les trois grands termes de cette industrie, la filature, le tissage et la couture aient toujours occupé des milliers de bras.

Pendant de longs siècles, le rouet et le fuseau furent les seuls outils de la fileuse, dont l'art précieux était exercé par les femmes du plus haut rang, aussi bien que par les plus humbles filles des champs.

Presque jusqu'à nos jours, le tisserand, de son côté, se servant de l'antique métier de l'Inde et de la Chine, travaillait la plupart du temps isolément.

La toile qui donnait le linge de la famille, la laine qui lui fournissait ses vêtements, se fabriquaient ainsi au foyer domestique par les mains mêmes de ceux et de celles qui avaient semé, récolté, roui le lin ou le chanvre et tondu la laine du troupeau élevé par leurs soins.

Ceci ne se pratique plus guère en France, si ce n'est dans quelques campagnes éloignées des villes et, pour l'ordinaire, en quelque sorte perdues dans les régions montagneuses, où l'hiver est long, ce qui rend avantageux à tous égards l'usage d'occupations sédentaires, alternant avec les travaux des champs.

Là seulement, on retrouve encore, l'échantillon de ce qu'était presque partout la vie rurale il n'y a guère plus d'un demi siècle, le métier à tisser, muet et dressé contre la muraille pendant l'été, monté l'hiver entre la fenêtre et la cheminée et faisant entendre dans le silence de la chaumière le glissement monotone de la navette, allant et venant à travers la chaine.

Pendant ce temps la ménagère, ses servantes et ses filles

vont et viennent pendant le jour, la quenouille passée à la ceinture, et s'installent le soir près du grand rouet.

Mais ce tableau qui n'est pas sans charme pour qui se souvient de la vie à la campagne d'autrefois, n'existe plus, nous le répétons, qu'à l'état d'exception.

Les nouveaux procédés industriels ont changé tout cela et, par suite, ont apporté des modifications sensibles dans la manière de vivre, et de se vêtir.

Rouet.

De là, des besoins nouveaux ont dû s'imposer aux populations des campagnes aussi bien qu'à celles des villes.

Ainsi on comprend par exemple qu'avec les moyens restreints de production que nous venons de signaler, le linge fût, en dehors de ce qu'on appelait les toiles de ménage, considéré comme un objet de luxe, qui devait ou rester inaccessible à un grand nombre de personnes ou se produire avec des salaires absolument dérisoires : selon les pays, la fileuse gagnait de 30 à 40 centimes par jour, le tisseur de 60 à 80 centimes.

« Mais le métier à filer est inventé et certaines usines produisent, en un jour, un fil assez long pour faire deux fois le tour du globe.... un peu après le métier mécanique survient et tisse 25 mètres par jour..... »

Or, la couture à la main restant le seul moyen d'employer les masses énormes de tissus que ces machines qui vont toujours en se perfectionnant et se multipliant, jettent dans la consommation, l'ouvrière ne suffit plus à la besogne.

Elle use sa santé et sa vue à l'énervant travail qui consiste à piquer et à tirer de vingt-cinq à cinquante fois par minute, son aiguille à travers une étoffe, plus ou moins résistante ou malléable. La machine à coudre arrive sur ces entrefaites et elle fait huit cents points à la minute.

Le progrès n'est-il pas évident, et cependant au lieu d'être dès le principe salué avec admiration, adopté avec joie, il est repoussé, et par les ouvrières à qui il vient en aide si à propos, et par les acheteurs au profit desquels il apporte non seulement une économie notable, mais dans la plupart des cas, par exemple quant à la régularité du point, une incontestable supériorité d'exécution.

Vouloir créer une machine qui puisse remplacer l'aiguille maniée par une main vivante, mais c'est faire acte de folie, s'écrie-t-on de toutes parts lorsque Thimonnier, un compatriote, un émule de Jacquard et un ouvrier comme lui, annonce la construction de sa machine.

On oublie que ce genre de métier a eu des précédents, au sujet desquels la même incrédulité systématique s'était attaquée.

Était-il moins difficile d'obtenir par la machine la maille du tricot? Et cependant le problème a été résolu.

Et le filet! ce filet dont le nœud ne pouvait, au dire de la science mathématique, être produit mécaniquement, Jacquard

Métier à Filer.

ne l'a-t-il pas obtenu par un procédé si simple que la création de son premier modèle n'a été pour lui qu'un jeu d'enfant!

Le métier à faire des bas, le métier à faire le filet fonctionnent au su et au vu de tout le monde et le métier à coudre serait irréalisable? pourquoi?....

Tout simplement parce que les deux premiers étant dans le domaine public, on trouve tout naturel qu'ils existent, tandis que le troisième n'étant qu'à l'état d'invention, il est de bon goût de le discuter.

Et puis, chaque nouvelle invention, chaque remaniement dans des habitudes prises ne subissent-ils pas nécessairement l'opposition d'une foule de gens qui, les uns parce qu'ils redoutent que leurs intérêts y soient compromis, les autres, et ceux-ci sont les plus nombreux, parce que craignant que leur manière d'être et d'agir ne soit troublée, ont horreur de ce qu'ils appellent *la nouveauté*.

Il leur faut les précédents qui entraînent leur propre sentiment; il leur faut surtout que ces nouveautés, absolument absurdes tant qu'elles sont l'œuvre d'un compatriote et qu'elles s'essaient en France, leur reviennent de l'étranger pour qu'ils se disent: après tout pourquoi n'en essayerions nous pas, nous aussi?

Tel fut le sort de la machine à coudre. Inventée en France par un français, elle fut systématiquement repoussée et dut être imitée au delà de l'Atlantique et se présenter sous l'étiquette américaine, pour qu'on se décidât à la prendre au sérieux.

L'antique proverbe qui prétend que *Nul n'est prophète dans son pays*, sera-t-il donc éternellement vrai.

La machine d'Élias Howe, dite *machine américaine* fut acceptée avec étonnement d'abord et bientôt après avec enthousiasme.

Elle obtint un magnifique succès à l'exposition de 1855, et tout le monde, en Europe aussi bien qu'en Amérique, déclara qu'elle constituait réellement au profit de celui qui lui avait donné son nom, une œuvre originale, *une invention*, dans le sens propre de ce mot.

Il n'en était rien : La machine nouvelle était bien et dûment française comme du reste tant d'utiles découvertes, dont les inventeurs n'ont tiré d'autres avantages de leur génie et de leurs talents que de servir d'éclaireurs, de marchepied à de plus heureux, pour ne pas dire à de plus habiles qu'eux ; ceux-ci, reprenant leur idée et leurs plans se sont placés et sont restés aux yeux du public, au rang de créateurs alors qu'ils n'étaient que de simples copistes.

On se demande comment les Français si intelligents, si clairvoyants quand leurs intérêts ne sont pas directement en jeu, peuvent ainsi se laisser exploiter.

Chacun sait, chacun répète que « la France qui est le pays qui produit le plus d'inventeurs, est en même temps celui où les essais nouveaux rencontrent le plus de défiance ; » chacun sait cela, mais combien peu s'efforcent de réagir contre un semblable déni de justice.

Étrange aberration d'esprit de la part d'un peuple chez lequel, à tant d'autres égards, l'esprit patriotique est si ardent!

Un auteur qui tenterait d'écrire le martyrologe des victimes de l'industrie — en notre pays surtout — aurait à tracer des pages aussi émouvantes qu'instructives. Pages glorieuses et en même temps pages tristes pour notre honneur national.

En ce qui le concerne, *le martyr de la machine à coudre* ne le céderait pas de beaucoup aux plus célèbres de ces victimes.

Fils d'un teinturier, né à l'Arbrelles en 1793, Thimonnier fit, dans sa jeunesse quelques études au séminaire Saint-Jean à Lyon. Il embrassa ensuite la profession de tailleur et alla s'établir à Ampletuis (Rhône), d'où sa famille était originaire.

De mœurs simples et douces, laborieux et rangé, Thimonnier causait peu et réfléchissait beaucoup.

On le voyait rechercher le calme, la solitude ; on le voyait, chaque dimanche, parcourir songeur les parties les plus silencieuses de la vallée charmante au milieu de laquelle est située Ampletuis.

A quoi rêvait-il? que calculait-il quand, s'arrêtant parfois, il traçait du bout de son bâton des lignes mystérieuses sur la poussière du chemin?

Nul ne le savait et on le prenait volontiers pour un mystique qui cherchait à percer quelque mystère du monde surnaturel.

Il n'en était rien : l'esprit de Thimonnier était attaché tout entier à une recherche essentiellement pratique et « s'il rêvait, » le digne homme, c'était un rêve, tout philanthropique et destiné à se transformer rapidement en réalité, qu'il poursuivait.

Sa pensée était sur la terre et non perdue dans l'inconnu.

La préoccupation qui l'absorbait était née un soir tandis qu'il assistait à une de ces veillées qui, dans les campagnes, réunissent autour d'un foyer et d'un luminaire commun un certain nombre de familles ; or, des jeunes filles présentes à cette veillée se livraient au genre de travail qui, dans les environs de Tarare, est le gagne-pain des femmes : la broderie au crochet sur mousseline.

« Le va-et-vient du crochet, formant à fil continu une chaînette dont les points suivaient les contours du crochet, lui avait révélé tout un mode nouveau de couture. »

Le métier à coudre était né dans son esprit, mais comme jusque-là il ne s'était pas occupé de mécanique, il lui restait à chercher et à trouver les moyens d'exécution.

Plusieurs années s'écoulèrent dans cette recherche. Thimonnier suppléait par la réflexion et la patience aux connaissances techniques qui lui manquaient.

Il n'avait d'ailleurs pas à se plaindre, car si le problème qu'il s'était posé n'était pas encore pratiquement résolu, le but à atteindre s'était singulièrement agrandi : ce n'était plus seulement un métier appelé à simplifier le travail de la partie féminine de la population du pays, dont il poursuivait la réalisation : Il voulait obtenir un résultat applicable à sa profession à lui, la confection des vêtements.

Le cadre de son œuvre ainsi élargi, Thimonnier estima qu'il y pouvait consacrer plus de temps qu'il ne l'avait fait d'abord.

En 1825, il quitta Ampletuis et alla s'établir à Saint-Étienne, ne travaillant de son métier que tout juste pour procurer, à lui et à sa famille, le strict nécessaire, il se livre à l'étude assidue des lois de la mécanique.

Pendant quatre années de ce double labeur, accompagné d'un travail mystérieux dont nul n'a le secret, la femme et les enfants de Thimonnier s'inquiètent et se demandent si l'état mental du père de famille ne tend pas à s'oblitérer.

Un jour, — jour de triomphe et d'espérances sans limite dans l'humble ménage, — le discret inventeur ouvre toute grande la porte de la petite chambre dont seul jusque-là il s'est réservé l'accès :

— Voyez, dit-il en montrant à sa famille assemblée la machine produisant avec rapidité le point de couture, voyez!...

Puis, avec un fin sourire, il ajoute :

— Eh bien! me croyez-vous encore fou?

Le lendemain, Thimonnier déposait le modèle de sa machine et demandait un brevet d'invention.

II

La machine est inventée, mais qui l'exploitera? qui la fera connaître? Thimonnier, absorbé par ses travaux a peu de relations et personne ne le protège.

Première machine à coudre.

Sur ces entrefaites, M. Beaumier, ingénieur des mines, est envoyé en inspection à Saint-Étienne. Il entend parler de la machine à coudre, il est curieux de la voir, et Thimonnier, qui reçoit sa visite, croit voir en lui un envoyé du Ciel.

M. Beaumier, très frappé des services que la *couseuse* est appelée à rendre, engage le modeste inventeur à faire le voyage de Paris, où il se charge de lui procurer bon accueil et appui.

Et, en effet, recommandé en haut lieu, présenté au chef de la maison alors importante et célèbre, Germain Petit et Cie, Thimonnier, nommé directeur des ateliers de cette maison, se voit bientôt à la tête de quatre-vingts machines construites sous sa surveillance et sans cesse occupées à la confection des vêtements militaires.

Ceci se passait en 1831, c'est-à-dire à une époque d'inquiétude et de trouble, où les partis politiques, toujours en éveil, ne négligeaient aucune occasion de s'accuser et de se nuire réciproquement.

A la faveur d'une de ces émeutes fréquentes alors, l'atelier Germain Petit et Cie fut envahi et saccagé.

Le but des groupes d'émeutiers, assemblés sur ce point, était moins de servir une idée politique ou sociale, que de détruire l'œuvre de l'inventeur stéphanois. Ses couseuses eurent le sort des premiers métiers de Jacquard : elles furent mises en pièces, et Thimonnier n'échappa personnellement que par la fuite aux violences des émeutiers.

Ce coup terrible eût été réparable cependant si la mort de M. Beaumier, survenue juste à ce moment, n'eût avancé la dissolution de la maison Germain Petit.

Thimonnier ainsi déçu dans ses espérances retourna à Amplepuis, où il se remit à travailler de son métier de tailleur.

Deux ans plus tard, en 1834, il se décida à revenir à Paris. Mais sans appui, sans argent, il dut reprendre l'existence en partie double qui avait marqué son séjour à Saint-Étienne.

« Le jour, il se sert de sa machine pour travailler à façon comme ouvrier tailleur ; il emploie les nuits à chercher pour son œuvre des perfectionnements nouveaux.

» En 1836, à bout de ressources et peut-être de courage, il reprend le chemin de son pays.

» Cette fois, il revient à pied, sa machine sur le dos et, pour vivre en route, il fait fonctionner son appareil comme objet de curiosité!

» De retour à Amplepuis, Thimonnier n'essaie plus de se refaire une clientèle de tailleur. Il s'adonne à la construction des machines, et essaie d'en vendre quelques-unes dans les environs. Mais le seul nom de *couture mécanique* jette sur ces machines une si grande défaveur, que personne ne consent à les adopter.

» Et cependant la machine s'est singulièrement perfectionnée, ainsi que le constate un nouveau brevet pris en 1845, et mentionnant une vitesse de deux cents points à la minute. »

A ce moment, la fortune semble se décider à sourire au pauvre inventeur. Un avocat de Villefranche (Rhône) entendant parler de la *couseuse*, veut la voir. Il s'y intéresse et propose à Thimonnier une association pour l'exploiter.

La proposition est acceptée, on le conçoit, avec enthousiasme. « Une fabrique de machines se forme à Villefranche et, le 5 août 1846, conjointement avec M. Magnin, Thimonnier prend un nouveau brevet.

« L'appareil a reçu le nom de *couso-brodeur*. Il peut broder et coudre toute espèce de tissus, depuis la mousseline la plus fine jusqu'au drap et au cuir. Il porte bientôt sa vitesse à trois cents points par minute et une aiguille tournante permet de broder des ronds et des festons sans tourner l'étoffe.

» Le progrès fait par l'appareil et le développement que les associés espèrent donner à leur association les engagent à s'assurer l'exploitation de leur invention aussi bien à l'étranger qu'en France.

» Le 6 février 1848, ils prennent, à cet effet, une patente anglaise.

» A partir de ce moment, les machines sont construites, non plus en bois, mais en métal et avec précision. Tout présage un succès prochain. La famille Thimonnier respire et ceux qui avaient taxé son chef de folie sont confondus.

» Une grande exposition universelle doit avoir lieu à Londres (1850), et ce sera sûrement pour les associés l'occasion d'un triomphe définitif!

» .... La révolution de 1848 anéantit ces légitimes espérances. Tout projet d'exploitation est arrêté. La société Thimonnier et Magnin se dissout et Thimonnier cède sa patente à une compagnie de Manchester. »

L'œuvre de tant d'années de luttes et de travail est à recommencer!

Une dernière ancre de salut reste cependant encore à peu près intacte; Thimonnier et sa famille s'y accrochent désespérément : la perspective d'un succès à l'exposition de Londres.

Mais les voyages à cette époque étaient fort coûteux et Thimonnier était pauvre. Il n'y avait pas à penser pour lui à accompagner sa précieuse machine.

Il l'expédie à Londres en temps opportun et attend avec l'impatience que l'on peut concevoir, l'annonce de l'accueil qui lui sera fait.

Or, par un malentendu si inconcevable que, pour en faire accepter la réalité par nos lecteurs, nous croyons devoir citer les paroles mêmes d'un mémoire rédigé, peu de temps après, sur l'invention de Thimonnier : « Cette machine restée entre les mains du correspondant de l'inventeur n'arrive à l'Exposition qu'après l'examen du jury. A la place qu'elle eût dû occuper dans le rapport, on enregistre les premiers perfectionnements apportés à son appareil par les Américains et on mentionne les machines à deux fils et à navette d'Elias Howe! »

La ruine du malheureux inventeur était définitive et l'oubli suivit si rapidement sa ruine, qu'en 1857 Thimonnier mourut pauvre, inconnu, et que sa veuve, déjà âgée et infirme, n'avait d'autres ressources pour vivre que les trente centimes de sa journée de dévideuse de coton.

Ses quatre fils, ouvriers de professions diverses, vivaient péniblement de leur travail et, malgré leur pitié filiale, ne pouvaient ajouter que bien peu à cet insuffisant salaire.

L'honneur de l'invention de la machine à coudre resta dès lors si bien acquis à l'Amérique que l'appareil fut généralement désigné sous le nom de *machine américaine*. Et il fallut, mais seulement de longues années plus tard, l'initiative prise par la *Société des sciences industrielles de Lyon* pour remettre en lumière le nom de Thimonnier et son droit absolu au titre d'inventeur des *couseuses* et *brodeuses mécaniques*.

Cette revendication fut « plus qu'un acte de loyauté, ce fut une œuvre de patriotisme. »

Il importait en effet à la gloire industrielle de la France que les droits de Thimonnier, comme inventeur, fussent bien établis.

De nombreuses manufactures en France, en Angleterre, en Amérique construisent des machines à coudre par milliers et les répandent sur toute la surface du globe.

On peut prévoir l'époque où ces machines atteignant le maximum de bon marché qui leur manque encore auront, comme les montres et les pendules, depuis que leur prix les rend accessibles à toutes les bourses, une place marquée à chaque foyer domestique.

On peut presque calculer l'heure à laquelle le long et pénible travail de couture à la main ne sera plus pratique que pour les travaux de reprises, accordages, ajustages, etc.... La machine aura pris pour son compte les longues heures au cours desquelles l'ouvrière use sa vue, sa santé, son existence à accomplir une tâche qui jamais n'est suffisamment rémunératrice.

« Or, ce grand résultat il faut qu'on sache à qui il est dû (1). »

MACHINE A TEINDRE

L'industrie et la science nous avaient promis des merveilles pour l'exposition de 1889 ; elles ont tenu parole.

Mais c'est surtout en ce qui touche à la mécanique que ces merveilles ont atteint, sinon même dépassé, tout ce que les esprits les plus optimistes pouvaient prévoir.

Non seulement toutes les branches de cet art ont reçu des perfectionnements inattendus et précieux, mais certains problèmes déclarés insolubles et abandonnés comme tels, ont été si victorieusement résolus, que déjà les résultats obtenus sont entrés en pleine pratique.

Tel est le *métier à teindre* inventé par M. Corron.

Laissons ici parler un appréciateur autorisé : « Pour se rendre compte de cette innovation, il faut se rappeler que l'art de la teinture remonte aux temps les plus reculés.

» Au dire d'Hérodote, les habitants du Caucase teignaient les étoffes et imprimaient sur leurs vêtements des dessins variés ; dessins et couleurs duraient autant que les étoffes mêmes.

(1) M. Meyssin, mémoire présenté à la société industrielle de Lyon.

» Pline nous apprend que l'art de la teinture était perfectionné en Égypte au temps de la domination romaine. »

La fabrication de la pourpre aux reflets rouges et éclatants, tenue en grand honneur à Tyr et à Carthage, était pour ces deux villes une immense source de richesses.

L'invasion des barbares porta un coup terrible, mais non mortel cependant à cet art précieux pour la pratique duquel n'existaient aucun traité didactique, aucune indication pratique.

Chaque teinturier recevait de ses devanciers, par tradition, le secret de la mixture des couleurs qu'il avait soin de tenir soigneusement caché, non seulement aux yeux des profanes mais à ceux même de ses propres ouvriers.

Il en résulta qu'entraînés par la tourmente de l'invasion barbare et ne laissant ni élèves, ni successeurs, ils emportèrent avec eux les traditions du passé, c'est-à-dire l'art lui-même dans ce qu'il avait de parfait et de délicat.

L'expérience de longs siècles se trouva ainsi perdue pour les sociétés en formation.

La renommée des belles étoffes, celle surtout de la pourpre, réservée de temps immémorial aux souverains ou aux triomphateurs, ne s'était point effacée de la mémoire des peuples.

Des restes précieux en avaient été conservés et faisaient l'admiration de tous. Aussi, dès que les temps devinrent plus calmes, vit-on se concentrer sur les moyens de reproduire ces couleurs brillantes l'attention de tous ceux qui, à un degré quelconque, s'occupaient de la fabrication des étoffes.

L'Italie la première vit les efforts de ses artisans habiles aboutir à un succès encourageant, et elle eut bientôt quelques teintureries célèbres.

Toutefois, il faut arriver aux XIIe et XIIIe siècles pour assister à la rénovation réelle de l'art de la teinture, et c'est aux croisades que l'Europe, et en particulier la France, furent redevables de ce bienfait. Voici comment :

« Les Croisés ayant rapporté de l'Orient la cochenille et l'indigo, nos ouvriers, ingénieux et habiles dans leurs manipulations, ne tardèrent pas à remettre en honneur chez nous la teinturerie.

» Quant aux praticiens à demi-barbares de l'extrême Orient, ils emploient encore de nos jours les mêmes procédés qu'aux siècles primitifs : ils se copient éternellement eux-mêmes.

» Nous aussi, nous sommes restés très longtemps esclaves des mêmes errements ; je parle bien entendu de la teinturerie commerciale, car nous avons eu des artistes de premier ordre, qui, dans les tapis, les étoffes pour meubles, les soieries ornées ont fait merveille. Le travail à la main exigeait malheureusement beaucoup de temps, et portait très haut le prix des produits.

» Toutefois, à partir du moment où la chimie donna à la teinturerie les couleurs extraites de la houille, cette industrie se transforma ou pour mieux dire se transfigura.... Les couleurs nouvelles joignaient en effet la force à la fixité, et permettaient d'obtenir des tons d'une exactitude dont les anciennes substances tinctoriales ne donnaient même pas l'idée.

» Cependant, tandis que cette révolution, devenue partout et pour tous les genres de matières premières et de tissus un fait accompli, la partie mécanique de cet art si important — celle qui concerne l'outillage — demeurait stationnaire « ou du moins n'avait reçu que des perfectionnements de second ordre. »

Ainsi, on employait la vapeur pour chauffer les bains de teinture et fournir la force motrice. L'*essoreuse*, imaginée et employée par les raffineurs, la *chevilleuse* et la *secoueuse* étaient venues prêter successivement leur aide aux travailleurs.

On se disait, on se croyait en progrès ; ce qui n'empêchait pas les hommes sérieux et pratiques de hocher la tête et d'affirmer :

« — Tâtonnements que tout cela! tant que la teinturerie n'aura pas *sa machine à elle*, c'est-à-dire *la machine à teindre les écheveaux*, véritable outil du teinturier, outil indispensable, elle ne pourra se prétendre en véritable voie de progrès. »

C'est qu'en effet, tandis que la filature, le tissage, la couture avaient leurs machines spéciales, « seule, la teinturerie était obligée de se débattre au milieu d'inextricables difficultés, avec des milliers de flottes et des millions de fils à la fois, dans des bains de densités différentes et des matières colorantes difficilement assimilables.

» Bien souvent le teinturier hésitait, découragé, et reculait devant l'impossibilité de satisfaire aux besoins de son art.

» Il réclamait un appareil qui, en opérant plus rapidement que l'ouvrier, fournît des fils propres à la fabrication. »

De nombreux essais n'aboutirent qu'à accréditer parmi les inventeurs spéciaux, l'opinion qu'en l'état actuel des moyens employés dans les arts mécaniques, le problème ne pouvait être résolu.

Tel était l'état de la question, lorsque M. César Corron, de Saint-Étienne, envoya à l'exposition le résultat de ses savantes et laborieuses recherches.

Comme pour le métier à filer, comme pour la machine à coudre, ce résultat ne fut pas un simple essai; ce fut un succès complet et définitif : la *machine à teindre*, imaginée et créée tout d'une pièce, ne demandait ni perfectionnements, ni appendices : Elle était prête à prendre d'emblée sa place dans toutes les usines et à y fonctionner sans hésitation.

En effet, « les mouvements de l'appareil à teindre les flottes sont à la fois si réguliers et si doux que les fils ainsi traités conservent leur résistance et leur élasticité premières. L'harmonie de la teinte est parfaite.

» Au point de vue de l'économie, l'application de cette machine diminue la main-d'œuvre. De plus, les fils ne subissant plus, ni le frottement des bâtons, ni le contact de la main humaine, le tissage est solide et brillant.

» Désormais, grâce à la machine à teindre les tissus au large, les fabricants n'éprouveront plus de difficultés pour l'industrie du *teint en pièces*. Ils pourront facilement produire les tissus les plus riches comme les plus légers.

» Le succès de M. Corron a été si grand à l'Exposition que la machine à teindre peut être, dès à présent, considérée comme acceptée par toute l'industrie française.

» Au moment où la lutte entre les nations productrices prend, et va prendre, une ardeur qu'on pourrait taxer d'acharnement, voilà certes une transformation industrielle qui, bien comprise, doit assurer à la France de précieuses conquêtes sur les champs de bataille de la civilisation universelle (1)! »

(1) *Petit Journal* du 16 septembre 1889.

EDISON

EDISON (THOMAS-ALVA)

1847.

I

Nous avons déjà eu occasion de mentionner le nom d'Edison, de parler de son génie en mécanique et d'esquisser les débuts de sa vie.

Mais son nom a pris une telle célébrité, son génie a répandu sur le monde des arts une si puissante lumière, sa biographie a reçu, en Europe du moins, des développements si inattendus, si curieux, — peut-être faudrait-il dire si typiques, — que parler aujourd'hui du grand inventeur américain, c'est présenter au lecteur une personnalité toute nouvelle.

De plus, Edison n'a pris réellement vie pour nous, que depuis qu'il s'est décidé à s'éloigner quelques jours du théâtre de ses travaux et de sa gloire en venant visiter notre Exposition.

Jusque-là on avait pu le prendre, tant ses œuvres se sont succédé rapides, merveilleuses, plutôt pour la personnification d'un groupe humain que pour une simple individualité.

Aujourd'hui, pour tous, l'être à demi-mystérieux s'efface,

l'homme seul reste avec son œuvre déjà colossale, bien qu'elle soit, semble-t-il, destinée à grandir encore.

Sous ce titre : *Sa Majesté Edison*, un journal, dans sa chronique du jeudi 8 août 1889, a esquissé de l'illustre inventeur un portrait qui, tout fantaisiste qu'il paraisse au premier abord, est, vérifications faites, d'une ressemblance parfaite et, dans une certaine mesure, d'une exactitude à laquelle il y a peu à retoucher.

La plupart de nos lecteurs n'ont probablement pas vu cet article et, parmi ceux qui l'ont lu, beaucoup n'en ont conservé qu'un vague souvenir.

Certain d'ailleurs que tous le liront, ou le reliront avec plaisir, nous le reproduisons dans toute sa saveur originale.

« .... La plus extraordinaire, la plus étrange, la plus invraisemblable des carrières est celle d'Edison.

» Des aventures, des crises, des passions aussi diverses qu'exaltées, une vocation à la fois aussi marquée qu'imprévue rendraient cette existence incompréhensible, si on n'en devinait le secret et l'unité dans une activité incessante, débordante, une fièvre, un feu au cœur de tout savoir, de tout faire, d'agir, de vivre.

» Pour Edison, la vie c'est le mouvement. La sienne n'en fut pas privée.

» Quelques recherches et des renseignements que me fournit un de ses amis me permettent de vous présenter notre hôte, et de vous initier à tous les détails de la vie de cette Majesté moderne.

» Thomas-Alva Edison, né, comme on sait, à Milan, comté d'Erié, État d'Ohio, le 11 février 1847, est fils d'un pauvre diable, tour à tour, suivant son caprice, ou ceux de la fortune, tailleur, magnanier, marchand de bois, de grains, de terres. Il est grand, beau ; les épaules sont larges et la tête puissante.

» La figure, imberbe, pâle, fortement accentuée, aux yeux

gris, au regard lent, au sourire bon, ressemble à celle de François Coppée.

» Mais là se borne la ressemblance, qui se poursuit encore cependant, car l'ingénieur fut des petits que chante le poète.

» A onze ans, ce gavroche américain, ce petit gars joufflu qui, sous sa casquette cirée, vend, sur la ligne du Canada au Michigan, des allumettes, des oranges, des sirops et des journaux aux voyageurs du *Grand Trunk Railroad*, lit, entre deux haltes, l'*Angleterre* de Hume, la *Rome* de Gibbon, l'*Encyclopédie*, l'*Analyse Qualitative* de Frésénius. Il devient savant, moins par passion de l'étude, que par l'obsession du faire quelque chose.

» Il installe dans sa niche ambulante un laboratoire de bouteilles et de tablettes, fait des expériences de chimie, et même d'incendie, un jour qu'il met le feu au train. »

II

Arrêtons-nous un instant sur un tableau qui, en Europe, représenterait tout simplement un fait plus qu'anormal, impossible à réaliser : un journaliste, fondateur et éditeur de journal avant d'avoir accompli sa douzième année !

L'enfant qui nuit et jour songeait à se procurer le moyen de se livrer à l'étude de sa *chère électricité* eut, une nuit, l'esprit traversé par la plus singulière idée :

— Si je me faisais rédacteur en chef d'un grand journal, s'écria-t-il.

Et cette idée qui, pour tout autre, eût paru le résultat d'un grain de folie fut prise parfaitement au sérieux par notre petit Américain.

Edison chercha et trouva rapidement la solution de ce problème en apparence insoluble : à lui seul il fit son journal sans argent et sans collaborateurs.

Voici comment il s'y prit : il adressa une lettre au président de l'Association syndicale des informations télégraphiques, le priant de lui communiquer les conditions à remplir pour obtenir tous les renseignements politiques, statistiques, commerciaux et également les événements dépassant le niveau de la vie ordinaire, et cela aux différentes stations des trains de New-York à Chicago.

Le président répond à cette demande et « le petit Edison, son contrat en poche, se rend chez le directeur général de la ligne de *New-York-Chicago-Détroit* et demande la permission de caser dans un fourgon une petite presse d'imprimerie.

» Le directeur, très intrigué, demande à l'enfant :

» — A quoi cela doit-il servir?

» — Je n'ai pas d'argent pour étudier, répond simplement et franchement Edison ; je vais en faire en publiant un journal. Je le rédigerai moi-même, je le composerai et je le vendrai. »

Le directeur du chemin de fer trouva l'idée originale, et comme l'air intelligent et résolu du petit solliciteur lui plaisait, il accorda la permission.

Cependant Edison ne bouge pas. Il semble très décidé à ne pas se relever.

— Qu'y a-t-il encore? lui demande le directeur avec bonté.

— Une seconde faveur, Monsieur, qui complètera celle que vous venez de m'accorder. Tout journal, vous le savez, vit de ses abonnés ; ne me ferez-vous pas l'honneur de vous inscrire en tête des miens. Si vous consentez ainsi à devenir mon premier souscripteur, je suis certain que cela me portera bonne chance.

Le directeur se mit à rire : au prix de son abonnement, il ajouta un petit cadeau. Et Edison le quitta, charmé, ravi : il tenait la fortune.

Il ne faudrait pourtant pas que nos lecteurs s'imaginassent que le journal de *maître Edison* fût un journal semblable au *Times* ou au *Figaro*. C'était une feuille de petit format, mais sous cette modeste apparence il réunissait des avantages qu'un journal important n'eût pas présenté aux lecteurs auxquels il s'adressait, de telle sorte que — et ceci était l'essentiel pour Edison — « il se vendait plus vite que les plus grands journaux de la capitale. »

Ceci n'a rien de surprenant; son rédacteur « trouvant à chaque station de nouvelles informations télégraphiques de l'association de la presse de New-York, devançait, comme informations, les plus puissantes feuilles de la capitale, et il imprimait au besoin plusieurs éditions par jour. »

Sa méthode de rédaction était du tout au tout différente de la manière de procéder ordinaire : Il se gardait bien de faire le manuscrit de ses articles. A quoi bon? Ces articles étaient écrits dans son cerveau et il les composait « d'abondance. »

Le style était net, clair, rapide, comme il convient à une feuille d'informations. Pas de phrases, des faits, mais des faits présentés de façon à attirer et à fixer l'attention.

C'était là le grand talent du petit journaliste. Il avait surtout une façon de tourner l'*annonce*, l'*avis*, que les plus habiles de nos *annonciers* ne surpassent pas.

Bref, le public était content et Edison aussi : il avait trouvé le moyen, généralement réputé introuvable, « de gagner de l'argent sans faire de dépense, — du moins de grandes dépenses. — « Il n'avait, en effet, pas de collaborateurs, pas d'imprimeur, pas de loyer, pas même de distributeur à payer, puisque c'était lui-même qui vendait son journal.

Quand on débute aussi ingénieusement dans la vie, tous les succès sont à espérer, à prévoir.

La carrière d'Edison n'a pas menti à ces débuts : d'étape en étape, son génie s'est affirmé, sa fortune a grandi.

Mais revenons au journal primitif, à cette feuille de douze pouces sur six qui a déjà assis les bases de la fortune d'Edison.

Sur ces entrefaites, la guerre éclate, et c'est le *Grand Trunk Herald* du jeune camelot scientifique qui annonce le premier la bataille de Pittsburg.

Du coup sa fortune est faite, et il fonde, à Port-Huron, le *Paul Pry*, dont le sans-gêne révélateur lui révèle que l'eau des fleuves n'est pas toujours tiède quand on y est jeté.

« Cependant, son succès, lors de la guerre, lui avait montré l'importance de la télégraphie. C'est ainsi qu'il s'en occupe et que se révèle la plus inattendue des vocations.

» Aussi se refuse-t-il à la reconnaître. Et, profitant des loisirs de sa nouvelle situation d'opérateur, il s'occupe... de cordonnerie. Il pressentait sans doute qu'il aurait une longue route à parcourir.

» La route a des incidents. Il les aplanit avec un à-propos expéditif.

» Un jour, un bloc de glace rompt le câble télégraphique entre Port-Huron et Sarina, à deux kilomètres de cette dernière ville.

» Grand embarras, grosse question, qu'Edison tranche aussitôt.

» Il monte sur une locomotive, atteint le lieu de l'accident, et, là, actionnant le sifflet de la vapeur, imite, par des sons plus ou moins prolongés, les signes correspondants de l'alphabet télégraphique.

» — M'entendez-vous, Sarina?

» Sarina, qui ne comprend mot, ne répond pas.

» — M'entendez-vous, Sarina?

» Sarina comprend, répond, et la télégraphie est rétablie à coups de sifflet à vapeur.

Pile positif
Fil d' aller
Ressort
Pile négatif
Electro-Aimant
Levier
Fil de Retour
Fils des Sonnettes
Manipulateur
Récepteur
Négatif
Communiquant
avec la terre
Positif
Terre
FIGURES DU TÉLÉGRAPHE A SIGNAUX

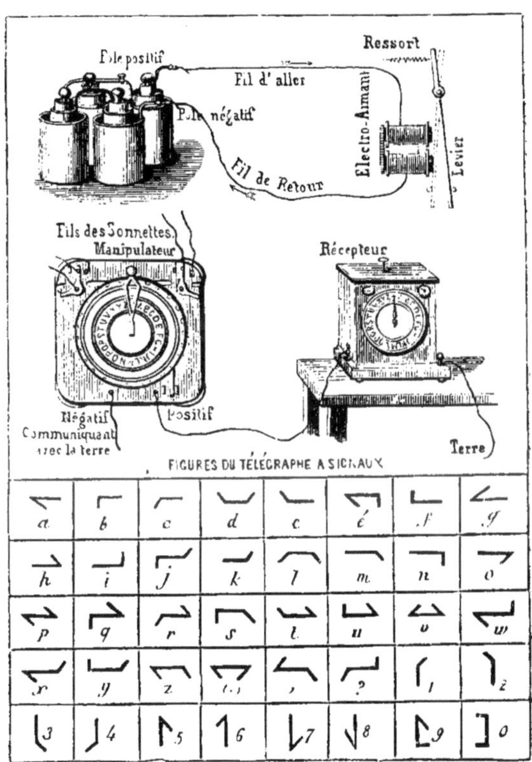

Télégraphe.

» Son activité débordante, diverse, pour être admirable, n'en désolait pas moins son directeur qui imagina de contrôler la présence du diable-à-quatre toujours en l'air, en lui ordonnant de télégraphier le mot *six* toutes les demi-heures.

» Le directeur fut ravi : toutes les demi-heures, le mot *six* arrivait, témoignant au chef de sa propre habileté et de la bonne conduite de l'employé. Mais celui-ci ne s'en gênait pas moins, ayant imaginé un ressort à déclanchement qui, toutes les demi-heures, télégraphiait le *six* attendu par le soupçonneux directeur.

» Ces petites inventions, et d'autres, amenèrent Edison à de grandes découvertes. La chasse fut longue ; elle n'est pas encore close, elle devint belle dès le jour où il vendit 100,000 dollars, à la *Western Union Company*, le téléphone à carbone.

» Dès lors, le caractère d'Edison, sans trêve satisfait et accaparé par de si angoissantes inventions, s'équilibra. Et il devint une grande personnalité.

III

» Après avoir longtemps vécu à Menlo-Park, dont on l'appelait *le sage*, Alva Edison habite aujourd'hui le parc de Leweln, près d'Orange, à quinze milles de New-York.

» Sur une colline boisée, s'élève le château qui est le plus beau de cet Éden habité par les plus milliardaires des New-Yorkais. A vrai dire, le style et le luxe en sont simples. Un grand chalet aux bases de pierre, aux étages de bois et de fer, aux ogives inclinées, aux couleurs voyantes.

» Ce château est une vraie combinaison électrique. Boutons

contre les voleurs, appels du laboratoire, du service, de la lumière, de l'eau, tout est à ressorts, tout vibre et, au moindre commandement, tout est exécuté.

» Le maître de la maison se lève à quatre heures, déjeune, fait une promenade, et va au laboratoire.

» Quand il est tracassé par *miss Électric*, sa muse favorite, le grand homme s'enferme chez lui pendant des soixante heures, sans manger, ni dormir, ni voir sa femme ou ses enfants.

» Mais ces cas sont rares ; on a beau être Edison, on n'a pas du génie tous les jours. Alors, il visite ses fabriques, surveille ses employés.

» La besogne en est encore assez longue, ceux-ci étant près de 3000 :

650 aux dynamos.
600 aux phonographes à Newdjeasiw.
500 aux lampes incandescentes.
150 au laboratoire.
800 à la fabrique de montures à New-York City, 5e avenue.
200 femmes pour les travaux délicats.

» Ces ouvriers travaillent dix heures par jour, sont payés 18 francs par tête au minimum. Ils ne sont constitués ni en société, ni en phalanstère, comme cela a souvent lieu chez nous. Ils adorent M. Edison dont la bienveillance, la gaîté et les bons conseils allègent les fatigues de leur vie pénible.

» Constamment entouré d'un état-major d'ingénieurs, dont il surveille toutes les tentatives, Edison a fait *six cent dix* découvertes ou inventions.

» C'est par millions que se chiffre le produit de ses fabriques, bien que leur but soit moins en vue de la vente que dans celle des travaux scientifiques de recherches et d'expériences.

» Ces expériences, qui ont déjà coûté *quatre cent mille dollars*, sont récompensées par des résultats financiers superbes.

Habitation d'Edison à Leweln.

» Le droit de vente en Amérique du phonographe a été acheté par M. Lippencap, *sept cent cinquante mille dollars.*

» Malgré la concurrence de Brush et de Weston, Edison éclaire presque toute l'Amérique. Il y a gagné dix millions de dollars.

» Quand il annonça le phonographe, qui reste comme sa merveille, on cria à la folie ! mais on dut vite s'incliner. On devra s'incliner encore.

» Il travaille à une *talking doll*, poupée qui parlera pendant une heure. Il vient d'achever son séparateur du minerai de fer, séparateur dont nous parlons en détail ci-après et il espère inventer un bateau volant. Il ferait au dedans le vide par la compression de l'air, qui actionnerait deux ailes. Il a bon espoir.

» Enfin, il s'occupe du téléphote.

» Cet homme infatigable est d'une simplicité admirable. Ni fêtes, ni bruit, le travail résume sa vie et l'absorbe.

» Sa seule distraction est de se promener dans Leweln sur un tricycle électrique de son invention. Il vit avec ses ouvriers, ses ingénieurs et sa famille.

» Marié deux fois, il a quatre enfants, dont l'aînée Marion, a actuellement dix-neuf ans, et dont la dernière, Marguerite, a trois ans. M. Edison a recueilli dans un phonographe le premier cri de cette petite et compte le lui faire entendre à sa majorité.

» M. Edison aime les Français, aussi y a-t-il beaucoup de nos compatriotes qui travaillent à Leweln. Des ingénieurs surtout.

» Nous avons dit qu'il était très aimé. Il n'est pas moins estimé et considéré. Aussi quand il voyage en Amérique, lui fait-on des réceptions princières. . . . .

. . . .

» Le but du voyage en Europe d'Edison a été Paris.

» Eh bien ! franchement, quand un tel homme, qui toute sa

vie a refusé les distractions du monde, n'en jugeant aucune digne de l'occuper, à qui sont dues les plus grandioses découvertes d'une civilisation, fait à une nation l'honneur de venir l'admirer, celle-ci ne lui doit-elle pas sa gratitude (1)? »

IV

On a beaucoup parlé, et on s'est passablement amusé, d'un projet d'appareil qui a l'avantage offert par le téléphone de transmettre à grandes distances, le son de la voix, ajouterait

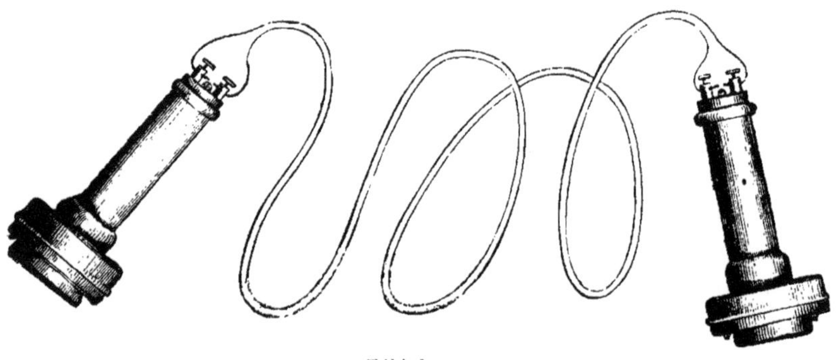

Téléphone.

celui plus merveilleux encore de donner aux interlocuteurs par téléphone, le moyen de *se voir*.

Ceci semble tenir du fantastique et cependant, tout mer-

(1) *Chronique du jeudi dans le Figaro* du 8 août 1889, par Georges Robert.

veilleux que cela paraisse, ce n'est paraît-il pas irréalisable, du moins, à certaines distances.

Comme on lui demandait s'il était vrai qu'il eût imaginé une machine qui permît à un homme à New-York de voir ce que ses amis font à Paris, et réciproquement, Edison, a répondu dans les termes suivants :

— Je ne sais a-t-il dit en riant si ce serait un bienfait pour l'humanité... quoiqu'il en soit, bien des gens, j'en suis sûr, protesteraient.

« Toutefois et très sérieusement j'ai travaillé et je travaille encore à une invention qui permettrait à un homme demeurant dans Wall Street, non seulement de téléphoner à un ami habitant Central Park (à l'autre extrémité de la ville de New-York), mais encore de voir cet ami pendant qu'il cause téléphoniquement avec lui. Cette invention-là serait utile et pratique et je ne vois pas pourquoi elle ne deviendrait pas bientôt une réalité. Une des premières choses que je ferai, en rentrant en Amérique, sera d'établir cet appareil entre mon laboratoire et mes ateliers de téléphones. D'ailleurs, j'ai déjà obtenu des résultats satisfaisants en reproduisant des images à cette distance qui n'est seulement que d'environ mille pieds. Il est ridicule de songer à voir quelqu'un entre New-York et Paris, la forme ronde de la terre, s'il n'y avait pas d'autre difficulté, rend la chose impossible.... »

Nous n'avons pas à revenir ici sur le téléphone, aussi connu, aussi usuel aujourd'hui que la télégraphie elle-même.

Nous n'aurions pas davantage à parler du phonographe dont nous avons donné la description à nos lecteurs dans un précédent volume, si Edison, pendant son séjour à Paris n'avait pris soin d'indiquer lui-même de récents perfectionnements.

« Je crois l'instrument à peu près parfait maintenant, disait-il à un de ses visiteurs.

» Seulement comprenez-moi bien : je n'entends pas parler des phonographes ordinaires employés dans le commerce, lesquels n'approchent pas des appareils spéciaux dont je me sers pour mes expériences privées.

» Avec ces derniers je puis obtenir un son assez puissant pour reproduire les phrases d'un discours qu'un large auditoire peut très bien entendre.

» Mes dernières améliorations portent surtout sur les sons

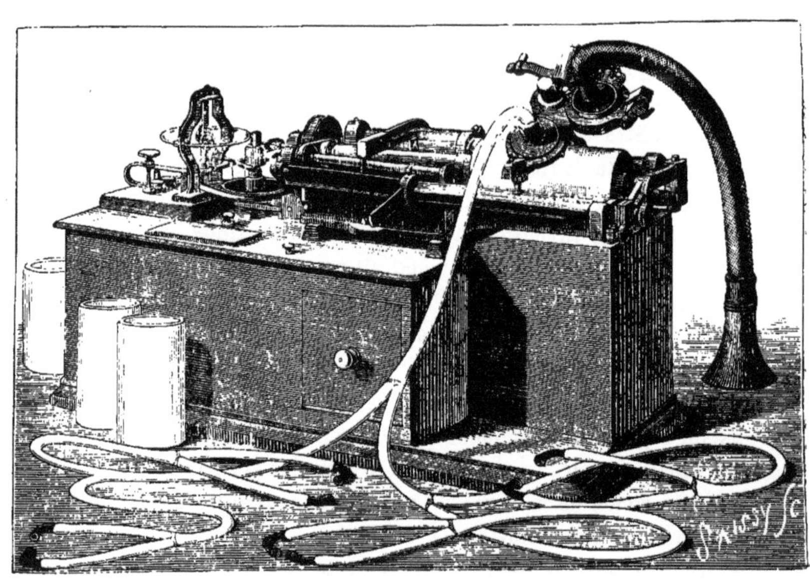

Le nouveau phonographe Edison.

aspirés, ce qui est le point faible du graphophone. Pendant sept mois, j'ai travaillé dix-huit et vingt heures par jour sur ce seul mot *specia*. Je disais dans le phonographe : *Specia*, *specia*, *specia*, et l'instrument me répondait *pecia*, *pecia*, *pecia*, et je ne pouvais lui faire dire autre chose. Il y avait de quoi devenir fou. Mais je tins bon jusqu'à ce que j'eusse

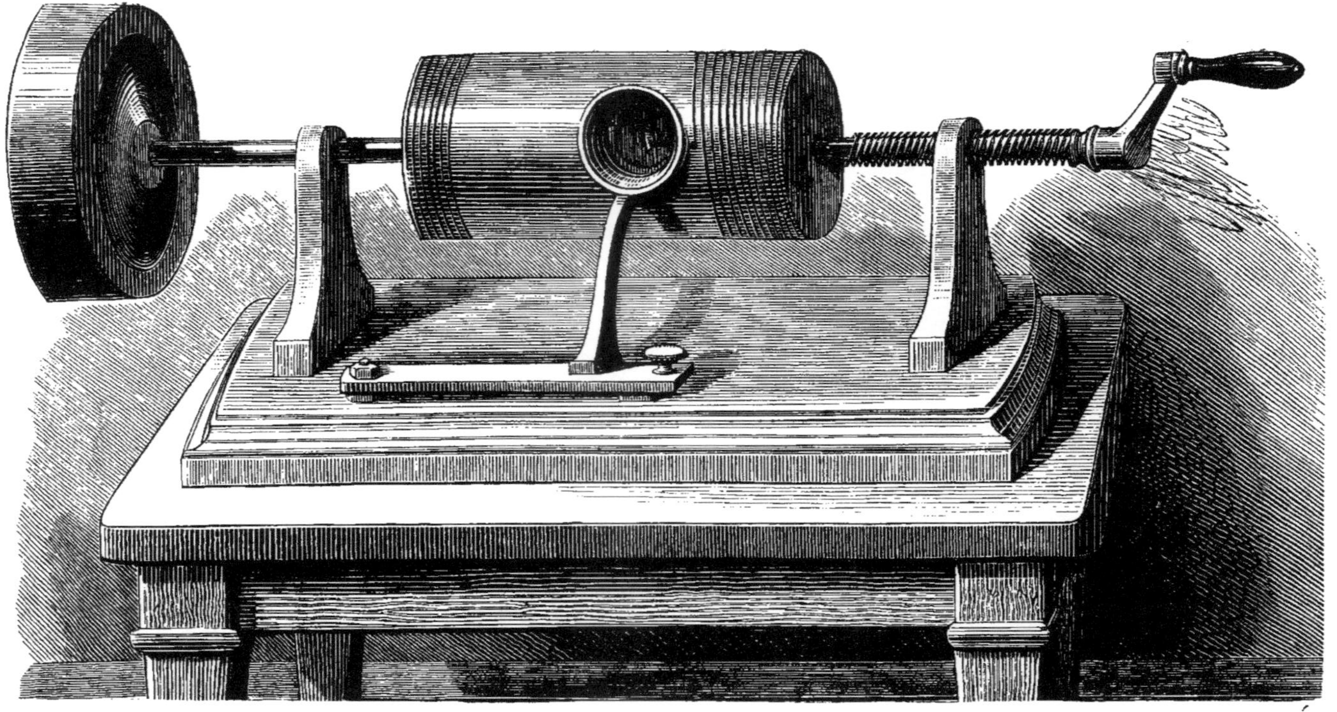

Ancien phonographe.

réussi, et maintenant vous pouvez lire mille mots d'un journal dans un phonographe, à la vitesse de 150 mots par minute, et l'instrument vous les répétera sans une omission.

» Vous vous rendrez compte de la difficulté de la tâche que j'ai accomplie, quand je vous dirai que les impressions faites sur le cylindre, quand l'aspiration de *specia* est produite, ne sont pas de plus d'un millionième de pouce de profondeur et sont tout à fait invisibles, même au microscope.

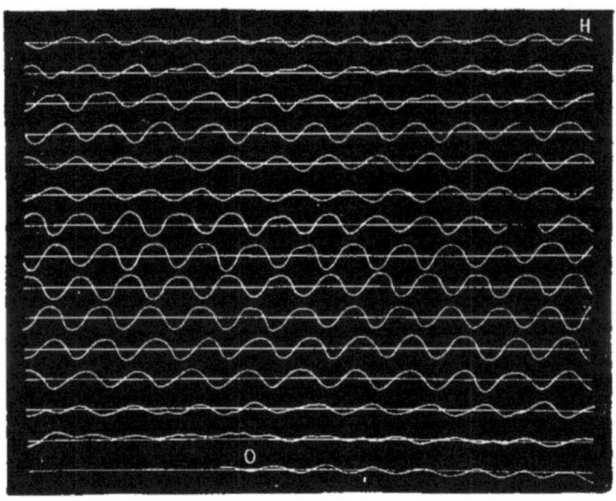

Écriture du nouveau phonographe.

» Cela vous donne une idée de ma façon de travailler. Je ne suis pas un théoricien, moi, et je ne pose pas pour *un savant*. Les théoriciens et les savants obtiennent souvent de grands succès en expliquant, dans un langage choisi, ce que les autres ont fait. Mais toutes leurs connaissances de formules mises ensemble n'ont jamais donné au monde plus de deux ou trois inventions de quelque valeur. Il est très aisé d'inventer des choses étonnantes, mais la difficulté consiste à les perfectionner assez pour leur donner une valeur commerciale. Ce sont celles-là dont je m'occupe.

» — Et quelles nouvelles découvertes fera-t-on dans l'électricité ?

» — Ah ! c'est difficile à dire. Nous pouvons nous heurter un jour ou l'autre à un des grands secrets de la nature.

» Je suis toujours dans l'attente de quelque chose qui puisse m'aider à trouver le problème de la navigation aérienne. J'ai déjà beaucoup travaillé à ce sujet, mais je suis bien découragé! Nous pouvons trouver quelque chose de nouveau avant que ça arrive. Mais ça arrivera. »

V

Encore les machines curieuses qui font la grande popularité d'Edison ne constituent-elles pas les seuls services que le savant électricien ait rendus à l'industrie et, qu'on nous permette d'ajouter, à l'humanité.

Entre autres inventions aussi pratiques qu'utiles, on lui doit le *séparateur* qui porte son nom et grâce auquel les opérations chimiques longues et difficultueuses qui seules permettaient de séparer le fer de ses alliages accidentels, sont remplacées par un procédé aussi simple que rapide.

Avant Edison, il est vrai, on avait imaginé pour éviter les ennuis et les lenteurs des procédés chimiques, de promener dans le métal à l'état de copeaux un aimant assez puissant pour faire office de séparateur en enlevant le fer, l'acier et autres substances magnétiques étrangères au corps à traiter. Le procédé d'Edison est la répétition de ce primitif système, mais avec toutes les améliorations de la science !

Le séparateur Edison est disposé pour fonctionner d'une manière continue. Et il y a dans la façon dont ce fonctionnement s'opère quelque chose de grandiose, de puissant qui porte à l'imagination du simple spectateur, en même temps qu'il frappe l'esprit positif du savant, de l'ouvrier.

Qu'on se figure le minerai déjà grossièrement concassé, élevé au moyen d'une *noria* (1) jusqu'à une plate-forme où se trouvent les concasseurs et venant alimenter ces derniers qui fonctionnent continuellement.

A la sortie des concasseurs, les produits, contenant en poudre fine la gangue et le minerai, tombent dans un tamis animé d'un mouvement de rotation assez rapide, à travers les mailles duquel s'échappent les poussières, pendant que les particules solides arrivent aux godets d'une seconde *noria* qui les élève jusqu'au séparateur.

« Quant au séparateur lui-même, il comporte une caisse en forme de V dont le fond possède une ouverture qu'on peut régler à volonté, et, au-dessus, un peu à l'extérieur du plan vertical médian, sont disposés deux puissants électro-aimants dont la position peut être modifiée suivant les besoins et qui sont actionnés par une petite machine dynamo-électrique.

» Passons maintenant au fonctionnement de cette machinerie. Le mélange de gangue et de minerai tombe de la caisse en une nappe large et plate vis-à-vis des pôles des électro-aimants ; ceux-ci happent au passage les particules magnétiques. La nappe se sépare donc en deux autres, l'une qui continue à s'écouler verticalement et qui comprend les matières épurées; l'autre qui tombe obliquement. C'est la nappe des matières magnétiques.

» Une cloison placée sur la plate-forme de réception sépare les deux nappes et permet de recueillir les produits. Des deux électro-aimants, il y en a un disposé en retrait par rapport au premier, de façon à prolonger l'attraction et à assurer autant

(1) Système de drague spéciale.

qu'il est possible la séparation complète de la gangue et du minerai.

» Voilà le fonctionnement de l'appareil, l'emploi des norias le rend automatique. Le nouveau séparateur permet de traiter de très importantes quantité de minerais, dans les meilleures conditions économiques, et fournit un produit très pur pour les fourneaux de fusion ou pour le mélange dans les fours à *puddler.* »

Par le rôle industriel qu'elle est appelée à remplir, ainsi que par la simplicité de son fonctionnement, cette ingénieuse invention d'Edison, mérite d'être connue de tous ceux qui s'intéressent à l'industrie en général et, en particulier, à tout ce qui touche à la métallurgie, laquelle est en quelque sorte le pivot sur lequel repose l'industrie moderne.

FIN

TABLE DES MATIÈRES

TABLE DES VIGNETTES

CONTENUES DANS CE VOLUME

— Lille. Typ. J. Lefort. 1890. —

www.ingramcontent.com/pod-product-compliance
Ingram Content Group UK Ltd.
Pitfield, Milton Keynes, MK11 3LW, UK
UKHW021825190726
13853UKWH00003B/1198